H. Wagners
Entdeckungsreisen in Berg und Tal

ISBN 978-3-662-33615-1 ISBN 978-3-662-34013-4 (eBook)
DOI 10.1007/978-3-662-34013-4

Softcover reprint of the hardcover 10th edition 1913

Entdeckungsreisen

in

Berg und Tal

Mit seinen jungen

Freunden und Freundinnen unternommen

von

Hermann Wagner

Zehnte Auflage

Mit 80 Textabbildungen und einem

Titelbilde in Farbendruck

Springer-Verlag Berlin Heidelberg GmbH

1913

Vorwort.

Haus und Hof sind des kleineren Kindes Königreich! Hier soll es Bescheid wissen vom Größten bis zum Kleinsten, vom Seltensten bis zum Gemeinsten. Hier kenne es alles, von der Rumpelkammer unter dem Dache an, in der Motten und Pelzkäfer ihr Wesen treiben, vom Winkel hinter dem Schornstein, in welchem die Fledermäuse sich der Reihe nach an den Beinen umgekehrt aufgehangen haben und doch leben bleiben — bis hinunter in den tiefsten Keller, in welchem der Schimmelpilz am faulen Holze leuchtet!

Das Kind lebe zusammen in guter Freundschaft mit der Taube im Hofe und mit dem Sperling, der die Raupen vom Baume abliest, mit den Blumen im Garten und — mit der Beere am Busch.

Das alles wird Nahrung für sein Gemüt sein. Es wird das Elternhaus lieb haben und später einmal nicht ruhen, bis es sich selbst auch ein Heimwesen gegründet hat, das ihm ebenso traut ist.

Steigt die Wissenschaft vom Katheder herab, plaudert sie in der Kinderstube ihre Geheimnisse aus, soweit sie den Kleinen verständlich sind — der Vorteil möchte sich für alle Teile der Gesellschaft schon nach wenig Generationen ergeben. Da, wo ein Obstbaum wächst, kann kein Dornenbusch wuchern, und wo das Getreide sprießt, wird's mit Nesseln und Disteln weniger schlimm sein! Steht's mit jeglichem Hause wohl, wird's im ganzen Orte nicht übel sein, und sind die Glieder des Staates kerngesund, wird auch der große Leib des Reiches nichts Ernstliches von Krankheit zu fürchten haben!

Aber den kleinen Nestlingen wachsen allmählich die Flügel! Reichen sie auch noch nicht aus zum Wettfluge rings um den Erdteil, so flackert doch das Feuer der Phantasie lustig über die Hecke der Feldmark hinaus. Es ist gut, wenn dann ein Lenker und Leiter sich ihrer annimmt und sie zum erwärmenden Herdfeuer und zum leuchtenden Hauslämpchen regelt, damit die lebendige Glut nicht allerlei Zunder und Plunder ergreife und ein Schadenfeuer daraus entstehe, dessen Ende niemand abzusehen vermag!

An der Hand des verständigen Alten wandern die Jungen durch Feld und Flur, durch Wald und Heide — der Gesichtskreis erweitert sich; dem jungen Geiste wird ein weiterer Spielraum geboten, seinen Liebhabereien ein höheres Ziel gesetzt. Der Knabe eilt mit dem Schmetterlingsnetz zur Wiese, das Mädchen sammelt am Bergabhange Blumen und Beeren, beide lauschen dem Gesang der Vögel, dem Plätschern des Baches — sie merken auf das, „was der Wald erzählt", und auf die Predigt des Feldes.

Was liegt jenseits des Berges? Wohin ziehen im Herbst Störche und Schwalben? Wie schaut's aus im Süden und Norden; wohin täglich die langen Wagenreihen auf der Eisenbahn brausen, wohin die geheimnisvollen Drähte des Telegraphen ziehen?

Je älter der Bursch wird, je mehr er sich selber versuchte, je weiter fliegen auch seine Gedanken! Hat er die Turnfahrten in der engeren Heimat glücklich hinter sich, reicht die Kasse des Vaters oder Onkels dazu aus, so möge er die letzteren in Wirklichkeit bei einer Alpfahrt begleiten — wenn sie Lust haben, ihn mitzunehmen. Es wird kein Schaden für ihn sein, wenn er einen gereifteren geistigen Maßstab mit zurückbringt, um die Verhältnisse der Heimat damit zu messen.

Die Alpfahrt, welche ich in diesem Bändchen unsrer „Entdeckungsreisen in der Heimat" als leitenden Faden zu Grunde legte, habe ich im Juli 1863 mit einem 13jährigen Knaben ausgeführt. Die meisten Szenen und Bilder aus dem Naturleben sind der Wirklichkeit nacherzählt, nur einiges wenige habe ich von meinen andern Alpenwanderungen dazugezogen. Vielleicht findet ein Bursch, der uns nachwandern will, in unserm Büchlein einige Winke, worauf er sein Augenmerk zu richten hat. Das Büchlein, soll weder ein „roter Bädeker" oder „Gustav Rasch", weder ein Führer „durch die Bayrischen und Tiroler Alpen" sein, noch soll es nach Tschudis und Berlepschs Vorgange ein geistreiches Naturgemälde der Alpenwelt entwerfen. Es ist eben eine Fortsetzung unsrer „Entdeckungsreisen in Wohnstube und Haus, in Wald und Feld", es bietet der Jugend Bilder aus dem Naturleben der Alpenwelt, dieses südlichen Teiles vom deutschen Vaterlande, während das nächstfolgende Bändchen Bilder aus dem Flachlande des mittleren Deutschland entwirft.

Es hat mit unsrem Büchlein nicht gesagt sein sollen, daß jeder erwachsene Knabe und gar jedes Mädchen eine Wanderung durch die Alpen antreten möge, obschon wir einen solchen Genuß von Herzen jedem vergönnen, der selbst Verlangen danach hat. Wohl aber wünsche ich herzlichst, daß die Biographien aus dem Naturleben des Hochgebirges, die ich hier am Faden einer Reiseschilderung aufgereiht habe, wie Erdbeeren an einem Grashalm, daß sie alle Knaben und Mädchen, denen sie zu Händen kommen, Vergnügen gewähren möchten. Daß ich einige jener Schilderungen der Abwechselung wegen in Form von Briefen kleidete, welche mein junger Begleiter an seine Geschwister daheim schrieb, wird vielen vielleicht angenehm sein.

Unsre „Entdeckungsreisen" haben sich einer so lebhaften Teilnahme zu erfreuen gehabt, daß von sämtlichen Bändchen bereits vielfache Auflagen veranstaltet werden mußten. Mögen sie auch in dieser Ausgabe sich der Gunst unsrer jungen Freunde erfreuen!

Hermann Wagner.

Inhaltsverzeichnis.

Wanderungen in den nördlichen Kalkalpen Oberbayerns.

Wanderungen in den Zentralalpen der Ötztaler Gruppe.

Wanderungen in den südlichen Alpen Tirols.

1.

Komm mit auf die Alp!

Laß dir, mein Bursche, ein Paar tüchtige Alpenschuhe fertigen! Berg und Tal in der Nähe hast du bereits vielfach mit mir durchstrichen, jetzt gilt es dem Hochgebirge, den Alpen im Süden. Die Alpen Tirols sind unser Ziel, davor liegen jene von Bayern.

Über den Würmsee und seine Nachbarn: den Kochel- und Walchensee, fahren wir ein in die Alpenwelt, besteigen die Vorberge des bayrischen Hochlandes, um einen Blick nach den Gebirgen im Süden zu tun. Bei Wallgau betreten wir das Tal der Isar, bei Partenkirchen begrüßen wir das Wettersteingebirge mit dem Zugspitz und Alpspitz. Hier sehen wir ziemlich nahe den ersten Ferner. Im Tale der Loisach hinauf überschreiten wir die österreichische Grenze, rasten in Lermoos und marschieren dann über den hohen Fernpaß. Die Poststraße bringt uns sicher nach Nassereit und nach Imst im Tale des Inns. Von hier biegen wir seitwärts ab in das Ötztal, wenden uns dann in das Fendtal und in jenes von Rosen. Ein kundiger Führer leitet uns nachher über das Hochjoch des Ötztaler Ferner hinaus ins Stromgebiet der gepriesenen Etsch, zunächst in das Schnalser Tal und nach Staaben, dann nach Meran und nach Bozen. Ist uns das Wetter hold und noch nicht Ebbe im Reiseschatz, so besteigen wir noch die Alpen von Seis am zerklüfteten Schlern und kehren dann über Klausen und Brixen, Sterzing und Innsbruck zurück nach der nordischen Heimat.

Wir werden soviel wie möglich vermeiden, was halsbrecherisch ist; es bieten die Alpen schon ohnedies Gelegenheit gerade genug, um Ausdauer beim Steigen und Umsicht beim Klettern zu bekunden. Deshalb laß vom Fußbekleidungskünstler dir tüchtige Bergschuhe machen mit doppelten Sohlen, dann noch Eisennägel darauf von der kräftigsten Sorte, daß der Fuß nicht schwanke, sondern wacker eingreife in das lockere Geröll des Gebirges.

Dein kleinerer Bruder muß diesmal daheim bei der Mutter verbleiben. Er lerne recht tüchtig alles, was in der Nähe ringsum grünet und blühet, lebet und webet. Ist er einst größer und weiß in der Heimat genügend Bescheid — dann steigt er vielleicht auch einmal mit auf die höheren Berge und besieht sich die weidenden Kühe und Ziegen — das Ideal, für welches er schwärmt. Damit er aber an deinen Freuden brüderlich teilzunehmen vermag, so vermehre dein Reisegepäck um einige Bogen Papier und eine Feder. Wenn wir im Nachtquartier aufs Abendbrot warten, schreibst du ihm deine Geschicke und was dir Neues begegnet. So durchlebt er daheim im Geiste mit dir die Reise und hat nichts zu befürchten vom drückenden Schuh, nichts von der drohenden Regenwolke und nichts von der Rechnung des Gastwirts.

Im Waggon.

2.

Nach dem Starnberger See.

An vielen Städten und Dörfern vorbei brauste der Dampfwagenzug. Das schnaubende Feuerroß führt uns bis an den Fuß der Alpen, bis an die Ufer der Seen, die gleich blinkenden Spiegeln das Hochgebirge im Norden umgeben.

Der Schlußteil der Fahrt geht zwischen Wäldern hindurch. Ab und zu siehst du durch eine Lücke der Wipfel blaue Bergspitzen, jetzt auch den blitzenden Würmsee. Das Herz schwillt vor Freude!

Eine uniformierte Musikbande stieg auf der letzten Station mit in den Wagen ein, um ihrer Sommerstation am See zuzueilen. Sie spielen lustige Weisen. Bayrische Bauern singen dazu. Ein weißlockiger Pudel, der ganz besondere musikalische Anlagen zu haben scheint, heult in der herzergreifendsten Weise ein wehmütiges Hundelied. Der jüngste Musikant greift mit der einen Hand wacker das Horn, mit der andern prügelt er ebenso unverzagt seinen Hund — den Takt zur „wundersamen, gewaltigen Melodei!"

Einige Bauern mit scharlachroten Westen, halbe Guldenstücke statt der Knöpfe daran, lassen eine kurze Tabakspfeife feierlich von Mund zu Mund gehen, jeder tut einige Züge und gibt sie dem Nachbar. Es ist die Friedenspfeife der Alpen. Ein verwetterter Alter zieht ein fingerlanges Glasfläschchen aus der rechten Westentasche; ist er etwa ein Medizinmann? Enthält das Fläschchen ein Lebenselixir, aus Alpenkräutern gebraut? — Bedächtig nimmt er den hölzernen Stöpsel ab, der unten in eine lange Spitze ausläuft, und klopft aus der geheimnisvollen Phiole ein Häufchen Schnupftabak auf den Rücken der Hand! — Im Wirtshaus Kaffee aus Weingläsern, Wein aus Biergläsern, Bier aus tönernen Krügen — hier Schnupftabak aus Glasflaschen! Manches ist anders im Alpenland!

Und nun erst die Bauersfrau neben uns! Hat sie nicht einen förmlichen Goldpanzer über Brust und Rücken! Die Bandenden bilden bauschige silberne Epauletten dazu, die Spitzen der Haube verdecken ziemlich das ganze Gesicht gleich dem Visier eines Ritterhelmes. Das Meisterstück ihres Anzuges ist aber der Rock. Dicht unter den Armen beginnt schon die Taille, Falte reiht sich an Falte, so daß eine bombenfeste Wand von mehr als Handbreit Dicke entsteht — eine prächtige Schutzwehr gegen Kälte und Hitze!

Jetzt wendet sich die Bahn stark nach rechts, der Wald tritt zurück, und der weite Spiegel des Würmsees liegt vor uns. An seinem Ufer schimmern die Häuser von Starnberg. An beiden Seiten des Sees erheben sich lieblich bewaldete Berge, mit reizenden Schlößchen und Häusern geschmückt. Fischernachen ziehen darüber hin. Im fernen Süden winken höhere Gebirgskuppen, das Ziel unsrer Reise.

Der Zug steht. Ein behagliches Gasthaus empfängt uns. Der Tag neigt sich zu Ende. Die letzten Purpurstrahlen der Sonne flammen über den tiefblauen Himmel, vergolden die Wolkenschäfchen und spiegeln sich reizend im See. Der Mond zieht herauf. Wir wandeln nochmals zum Ufer. Bezaubernd schön gießt sich das sanfte Silberlicht über die glatte ruhige Fläche des Wassers, deren Ende wir nicht zu erkennen vermögen. Hier und da springt ein Fisch über den blanken Spiegel, und silberne Kreise bezeichnen die Stelle, an welcher er verschwindet.

Alles ist still und ruhig — eine erquickende Abendfeier nach dem Lärmen und Tosen der vorherigen Tage, die wir auf dem Dampfwagen verlebten! — In den Häusern des Orts flimmern die Lichter und mahnen zur Nachtruhe. — Morgen geht's über den See! Morgen geht's nach den Bergen!

Am Starnberger See.

3.

Dampfbootfahrt über den Starnberger See.

Hermann an seinen Bruder Karl.

Lieber Karl!

Wir sind auf einem Dampfschiff in die Alpen gefahren. Es hieß Maximilian I., hatte drei Masten und einen schwarzen Schornstein. In Starnberg stiegen wir früh nach 7 Uhr in das Schiff. Der Himmel war nebelig, der See aber ganz ruhig. Als das Schiff noch still lag, schwammen viele allerliebste Fische dicht um dasselbe herum. Ich warf ihnen Semmelkrümchen zu, die schnappten sie weg. Wenn man ein größeres Stück hineinwarf, so zankten sie sich darum, und einer jagte es dem andern wieder ab.

Das Wasser war ganz klar und sah schön dunkelgrün aus. Man merkte gar nicht, daß das Schiff fortfuhr, so ruhig ging es. Es sah gerade aus, als ob die Ufer vorbeizögen. Diese waren aber zu reizend, mit vielen schönen Lustschlössern mit Fahnen besetzt. Die Leute kamen heraus und winkten mit Tüchern und Hüten. Dann standen wieder Fischerhäuser und über dem Wasser kleine Hütten für die Gondeln, damit es nicht in dieselben hinein regnete.

Einzelne Felsenstücke traten in den See hinein wie kleine Festungen. Auf diesen waren Gebüsche, Lauben und Gärtchen, und Kinder spielten darin.

Auch ein großer schwarzer Wasserhund war dabei, ein Neufundländer, der sehr gut schwimmen kann und einen Menschen aus dem Wasser holt, wenn er hineingefallen ist.

Dann wieder sahen wir Fischer in Kähnen beim Fischfangen. Sie hatten ein großes Netz ins Wasser gelassen wie eine lange Wand. An der oberen Seite hatte man Holzstücke an das Netz angeknüpft, damit dieser Rand stets auf der Oberfläche des Wassers bleibe; an der andern Seite dagegen war das Netz mit Gewichten beschwert und hing senkrecht in die Tiefe.

An jedem Ende des Netzes war ein Kahn mit zwei Fischern. Diese ruderten in der Weise, daß das Netz einen Kreis bildete und die Fische ringsum davon eingeschlossen wurden. Wenn die Fische entfliehen wollen, fahren sie mit dem Kopfe in die Maschen und können nicht wieder zurück. Sie bleiben mit den Kiemendeckeln an den Fäden hängen. Dann ziehen die Fischer das Netz heraus und nehmen die Fische ab. Es waren auch Pfähle im See eingeschlagen und Legangeln daran gebunden. Dies sind lange Leinen mit vielen Angelschnüren und Angelhaken, in gleichmäßigen Entfernungen von einander. Die Fischer sehen alle Tage nach, ob sich etwas gefangen hat. Dann hängen sie wieder neue Würmer an die Haken.

Auf unserm Dampfschiff standen vorn drei Kanonen, eine große und zwei kleine. Am Hinterteil wehte eine blauweiße Fahne. Der Steuermann stand hinten auf einem erhöhten Platze und drehte das Steuerrad, der Kapitän dagegen auf einem Platze in der Mitte des Schiffes, nicht weit von der Maschine. Es war eine Art hohe Brücke, nach welcher an jeder Seite eine Treppe hinaufführte. Es durfte dort niemand anders hinauf.

Unten im Schiff befanden sich zwei Kajüten wie hübsche Stübchen mit Fenstern. Das Wasser war draußen noch etwa einen Fuß unter den Fenstern. Durch die Fenster konnte man gerade auf das Wasser hinaussehen. Wenn es aber Wellen schlägt, werden die Fenster dicht zugeschoben.

Meinem Brief habe ich zwei Ansichten vom Starnberger See beigelegt. Du siehst, wie schön es hier ist.

Nachdem wir mehrere Stunden lang an dem einen Ufer des Sees hingefahren waren, kamen wir an das obere Ende desselben,

Landungsplatz in Starnberg.

nach Seeshaupt. Dort stiegen wir an das Land. Der See ist mehr als fünf Stunden lang und über eine Stunde breit.

Die Zeit ward mir aber gar nicht lang, denn es fuhr sich so wunderschön ruhig, und fortwährend gab es etwas Neues zu sehen

für Deinen

Bruder Hermann.

Der Kochelsee mit dem Herzogenstand.

4.

Nachenfahrten über den Kochel- und Walchensee.

Ein Wägelchen nimmt uns in Seeshaupt auf. Es hat außer dem Bock für den Fuhrmann gerade Raum für uns beide. Das kräftige Pferd trabt auf gut gebahnter Straße munter dahin. Wir kommen durch Fichtenwälder mit Brombeeren, Heidelbeeren und delikaten Himbeeren, allein sie bleiben heute nur Schaugerichte für uns; wir dürfen hier nicht verweilen. Auch zahlreiche Tollkirschstauden stehen am Wege in voller Blüte. Dann folgen Felder mit Getreide, Wiesen mit blühenden Blumen, Seen mit Schilf umwachsen und Wasserhühner darauf, Hügel und mäßig hohe Berge mit Kapellen und Kreuzen auf dem Gipfel.

Die Dörfer, durch welche wir fahren, zeigen schon ein auffallend abweichendes Ansehen. Die Häuser sind zum größten Teile aus Holz hergestellt, nur die Grundmauern von Stein, die Dächer mit Brettschindeln bedeckt und mit bemoosten Steinen belegt. Am oberen Stock läuft eine Holzgalerie hin, verziert mit mancherlei Schnitzwerk. Auch am Hausgiebel hat der Holzschnitzer vielerlei Kunstwerke angebracht: Löwenköpfe und Drachen und in der Mitte ein Kreuzlein.

Mitten im Dorfe ist ein freier Platz; hier steht eine turmhohe Tanne. Äste und Schale sind abgetrennt, nur an der obersten Spitze steht noch eine Krone von Zweigen. Bänder flattern daran. Am ganzen Stamm hinauf sind in regelmäßigen Abständen wagerechte Stangen eingefügt, die vielerlei bunte Figuren aus Holz tragen. Unser Fuhrmann erzählt uns: es sei der Maibaum, den die Burschen des Dorfes zum ersten Mai zur Frühlingsfeier hier aufrichten. Die Figuren stellen die Leidensgeschichte Jesu dar, dazwischen sind aber auch bunte Wappen und zu unterst vier Armbrüste, ein Überbleibsel aus alter Zeit, in welcher durch dergleichen Zeichen der Heerbann im Lande aufgeboten ward, wenn Krieg drohte. Altdeutsche Frühlingsfeier, christliche Passionserinnerung und mittelalterliches Landesaufgebot, alles an einem Baume verschmolzen! Der Baum bleibt stehen. Zum nächsten Mai wird er verkauft und der Erlös im Wirtshaus vertanzt und verjubelt. Der Gemeindewald hat ja deren genug und liefert dann einen neuen.

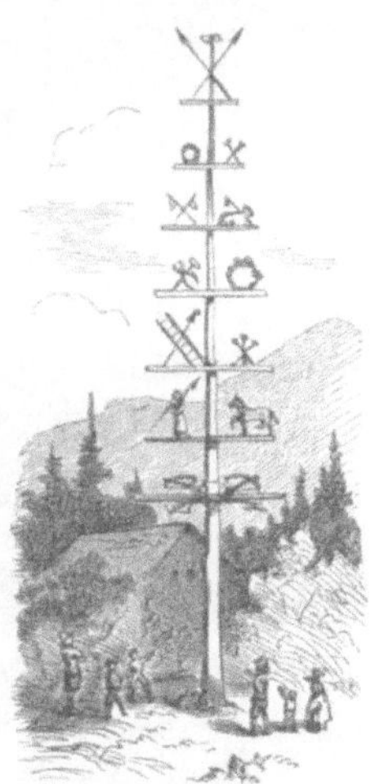

Pfingstbaum.

Weiterhin führt der Weg zwischen weiten Sumpf- und Torfflächen hindurch, auf denen Wollgras mit weißen seidenen Haarbüscheln im Winde Wellen schlägt. Eine Brücke bringt uns über die Loisach. Jetzt geht's durch Felder mit reifem Getreide, dann auf der Poststraße nach Benediktbeuern. Hier haben die Mönche vor alters das Bier erfunden, wie man erzählt; wir trinken deshalb ein Glas zu ihrem Andenken.

Ansehnlich hohe Berge liegen im hellen Sonnenschein jetzt bereits dicht vor uns. Links ragt die Benediktenwand schroff empor, als sei sie ganz unersteigbar. Auch rechts treten die Berge näher und näher heran, bis sie uns endlich umzingeln.

Wir gelangen nach Kochel und wandern zu Fuß nach dem See. Eine hübsche Laube droben beim Jägerhaus gewährt einen freien Blick auf den dunklen Kochelsee und rechts auf eine Verlängerung, den Rohrsee.

Gerade im Süden steigt der Farchenberg mit seiner Kegelspitze, dem Herzogenstande, vor uns auf. Wolken verschleiern abwechselnd sein Haupt. Die tieferen Gehänge und Vorstufen sind von dunklem Schwarzwald bedeckt. Im See zeigt sich dasselbe Bild umgekehrt. Wolken ziehen auch tief drunten im Wasser.

Bauernhaus in den Alpen.

Ein Fischerknabe fährt uns im leichten Nachen über den finsteren See. Das Wasser ist so klar und durchsichtig und doch so dunkel. Wir sehen die Fische tief unter uns spielen. Die Alpenseen sind sehr tief; etwa 70—80 m Tiefe hat man im Kochelsee gemessen, also ziemlich zwei Kirchturmhöhen. Die Loisach strömt an der einen Seite herein, an der andern verläßt sie den See wieder und windet sich dann durch sumpfiges Gelände langsam weiter.

Von den Bergen dicht in der Nähe stürzen mehrere Bäche in rauschenden Wasserfällen herab in den See. Letzterer ist zwar eine Stunde breit und anderthalb Stunden lang, er scheint uns aber viel kleiner, da er meist von hohen, steilen Bergen umschlossen wird, die

Ein Alpensee.

aussehen, als wären sie uns nahe. Erst wenn wir morgen drüben den Farchenberg und den Herzogenstand besteigen, wird es uns deutlich, daß sie noch ziemlich entfernt und anständig hoch sind, obgleich sie eigentlich nur zu den Vorbergen der Alpen gehören.

Die Bootfahrt über den See ist bezaubernd. Der Nachen gleitet so ruhig über die blanke Fläche, die Sonne spiegelt sich in den zahllosen kleinen Wellchen: es scheinen tausend und aber tausend Lichtflämmchen auf dem Wasser zu tanzen, jetzt hier, jetzt dort, jetzt allenthalben, je nachdem der Luftzug die Oberfläche des Sees kräuselt. Ein Heer leuchtender Elfen oder Wassergeisterchen scheint uns zu begrüßen und willkommen zu heißen.

Nach kurzer Fahrt berührt der Nachen das Land. Wir sind an der Straße nach Walchensee und schreiten fürbaß. Zwei Wasserfälle am Wege gewähren interessante Unterbrechung der Waldeinsamkeit. Bei dem ersten stürzt ein einfacher Strahl im Hintergrunde einer schmalen Felsschlucht durch ein kreisrundes Loch, das er sich im Kalkfelsen ausgearbeitet. Der zweite größere Fall jagt sein Wasser in toller Hast über Klippen hinunter, daß der feine Wasserstaub weit umhersprüht und als Nebel über den dunklen Grund dahinzieht.

Die breite Poststraße ist mit vieler Kunst und Arbeit dem Felsen abgerungen. Fast zwei Stunden lang steigen wir aufwärts bis zur Höhe des Kesselbergs. Hier öffnet sich dem Blick ein neues Tal, der weite Kessel des Walchensees, ringsum von mächtigen, unten bewaldeten Bergen umgeben, deren obere Spitzen kahl und felsig hinaufragen. Im Hintergrunde schimmern im Lichte der Abendsonne die Gipfel des Karwändelgebirges. Rechts führt der Fußpfad nach dem Herzogenstand hinauf. Wir werden ihn morgen weiter verfolgen. Jetzt wenden wir uns frohen Mutes talab, treffen am Ufer des Walchensees ein einsames Haus und bei diesem einen Kahn. Bald findet sich auch ein Fischer, der gern bereit ist, uns nach dem Orte Walchensee überzufahren, der in einer Stunde Entfernung am Ufer des Sees liegt.

Die Sonne hat sich bereits hinter den hohen Berggipfeln verborgen, Schatten lagern sich über die Fluten des dunkelgrünen Wassers. Am Ufer zieht sich ein breiter Streifen von wunderbar, hellsmaragdgrüner Farbe. Sie haben gar manches Wunderbare in ihrer Färbung, diese Alpenseen; manche erscheinen fast schwarz, andre tiefblau, wieder andre grün. Woher diese Färbungen stammen, ist noch nicht genügend erforscht. Wohl mögen die Tiefe des Wassers und die Beschaffenheit des letzteren die Hauptursachen davon sein. So wie links und rechts hier die Berge steil aufsteigen, dicht am Rande des Sees, so stürzen sie auch unten im Wasser noch tief mit Klippen und Schluchten hinab. Der Walchensee ist an seinen tieferen Stellen mehr als 190 m tief; er hat gleiche Tiefe mit der Nordsee.

Aus den Bergschluchten ringsum bringen die Gießbäche den Samen manches Blümchens mit hernieder, das sonst nur droben in der Nähe der Gletscher gedeiht. Es sprießt am Ufer des Sees und treibt hier Blüten neben dem kühlen Wasser gleich einem freundlichen Gruß aus der Höhe. Aus jenen Schluchten fahren aber auch gleich wilden Dämonen zu Zeiten Windstöße hervor, peitschen den See zu Wellenschaum und stürzen den kleinen Nachen um, den sie ereilen. Es liegt manch Menschenkind tief drunten in den Alpenseen begraben, das jubelnd und wohlgemut vom Ufer abstieß!

Ein Saum grüner Matten zieht sich am östlichen und südlichen Seeufer entlang. Da liegen einzelne Fischerhütten zerstreut, dort auch eine Kapelle; hier rechts nahe vor uns winken die wenigen Häuser von Walchensee, zuvörderst die Wohnung des Försters, durch die Hirschgeweihe am Giebel erkennbar, dann ein Haus mit einem Kramladen, dann endlich das Posthaus, das zugleich Gastwirtschaft hat. Hier nehmen wir unser Quartier. Vom Fenster aus sehen wir den See vor uns, der dunkler und dunkler wird, wie die Schatten der Nacht sich über die Berge und stillen Fluren legen.

Mitten in der Nacht werden wir munter — ein Traum weckte uns auf. Unendliche Stille ringsum. — Lautlos ruhen Berge und Wälder, unbeweglich im Dunkel liegt die weite Fläche des Sees. Nur die Sterne, die droben flimmern, leuchten auch tief aus den Fluten herauf. Es funkelt drunten so zauberisch ein zweiter unendlicher Himmel. — So sind wir heute also mitten zwischen zwei Himmeln dahingefahren.

Der unterbrochene Traum erzählt uns weiter allerlei Märchen vom Alpensee: von verschleierten Wasserfeen, die in kristallenen Grotten schlummern, von Seemännern mit Schilfblumen im Haar, von versenkten Kleinodien und funkelnden Kronen, die tief, tief unten unerreichbar auf dem Grunde des Sees liegen.

Das alles, alles deckt geheimnisvoll der dunkelgrüne See mit den funkelnden Sternen!

Hinauf auf den Berg.

5.

Besteigung des Herzogenstandes.

(Die verschiedenen Regionen am Gebirge.)

Sei gegrüßt, du heller Morgen, gegrüßt, du frische Alpenluft! Glückauf zur fröhlichen Bergfahrt.

Noch hat die Sonne nicht die hohen Berge im Osten überstiegen, aber der helle Himmel über uns verkündet ihren Sieg. An den Berghäuptern hängen Wolkenhauben, die Spitzen drüben haben noch Nachtnebelkappen aufgestülpt. Wir hoffen, daß die höher steigende Sonne sie später vertreiben wird.

Wir wandern frisch vorwärts, um uns in der Kühle des Morgens zu erwärmen. Es ist etwas Unvergleichliches mit einer solchen frühen Bergfahrt bei schönem Wetter. Der Tau hängt wie Millionen Silberperlen an jedem Grashalm, an jedem Blatte. Wald und Matten sind wie gebadet, jugendlich frisch, kein Stäubchen liegt auf ihnen! Die breite Fahrstraße bringt uns allmählich bergan.

Purpurne Orchideen und dunkelbraune Akelei nicken von den Rasengehängen, Berggamander und Thymian, Alpenminze und Selaginellen breiten wonnige Teppiche über die weißen Kalkfelsen aus. Hellrote Primeln schauen uns an mit so freundlichen Augen, als wollten sie grüßen!

Über uns wölben kräftige Rotbuchen ihr glänzendes Laubdach. Ehrwürdig alte Stämme neigen sich über den See und spiegeln sich in seinen Fluten. Moos und Flechten umhüllen die buntfleckige Borke und bergen die Welt der kleinen Käfer und andrer Insekten, die noch Morgenschlaf hält.

Jetzt verlassen wir die breite Fahrstraße, die im Tale entlang zieht, und steigen den etwas steileren Reitweg hinauf. Er wird uns bis zur Spitze des Herzogenstandes führen. Der Buchenwald hört auf, die schönblätterigen Ahorne bleiben zurück. Ernsterer Fichtenwald nimmt uns auf. Der Morgenruf der Finken verstummt, Tannenmeisen lassen sich hören, und Spechte hämmern in der Ferne an morschen Stämmen.

Der Wald ist durchforstet worden. Zu dicht stehende Stämme sind durch Axt und Säge gefällt. Sie liegen noch zu beiden Seiten des Weges am steilen Gehänge des Berges und warten auf den Winter, um nach dem See hinunter zu wandern. Einige der mächtigen Bäume hat man gleich samt dem Wurzelstock ausgerissen, nachdem die stärksten Wurzeln gekappt waren. Der Wurzelschopf ragt wie eine riesige Scheibe jetzt senkrecht empor und trägt noch die Moosbüschel und Rasenloden als grüne Tapeten. Einen solchen Wurzelschopf haben die Holzfäller als Hüttenwand benutzt, Stangen darangelehnt, diese mit breiten Borkenstücken belegt und so ein interessantes Waldhäuschen daraus hergestellt, das ihnen Schutz bei Unwetter und Rast bei der Mahlzeit gewährt. Hier ist noch die Kohlenstelle, an der sie das wärmende Feuer unterhielten.

Es wachsen nur wenige Blumen im Fichtenwald; die herabfallenden Nadeln ersticken sie; das dunkle Gezweig raubt ihnen das Licht. Einige Ehrenpreise schauen uns freundlich mit hellblauen Augen an, wirtelblättrige Maiblumen und Preißelbeeren wechseln mit gelbblühendem Salbei, rundblätterigem Labkraut und dunkelblauen Bergkornblumen.

Ziemlich zwei Stunden steigen wir durch den dunklen Nadelwald immer bergauf, da bringt uns der Pfad in ein weites Hochtal, das sich steil nach dem Berge hinaufzieht. Der hohe Kegel des Herzogenstandes liegt in hellem Sonnenglanz vor uns, kahl und anscheinend unersteigbar. Links und rechts laufen niedere Rücken gleich Rippen herab, ein zackiger Kamm setzt sich nach Süden fort, nördlich aber stürzt der Berg schroff wie eine Wand mehrere hundert Meter in die Tiefe hinab.

Der Wald hat ein Ende, nur einzelne Fichten haben sich vorwitzig in geschützten Tälern etwas höher gewagt. Manche davon grünen noch mit buschig verworrenen Kronen, andre unterlagen teilweise oder ganz dem Kampfe mit dem Sturm und dem hohen Schneefall. Sie schauen uns mit kahlen, gebleichten Stämmen und Ästen als Baumleichen gespenstisch an.

Ein breiter Gürtel von Buschdickicht umsäumt die Schultern des Berges; Bergkiefern und Zwergwacholder, Taxus und Stechpalmen, Weiden und Bergerlen mischen sich untereinander. Am meisten ergötzen uns aber die purpurnen Alpenrosen, die hier in breiten prächtigen Beeten an den Gehängen sich hinziehen. Jetzt treten bereits echte Alpenblümchen in Menge auf: immergrüner Steinbrech mit tiefgelber Blüte, gelbe Veilchen und zartstengelige weiße Silenen begleiten den plätschernden Quell, der in der Senkung des Hochtals herabrinnt. Niederer Berg-Ehrenpreis mit großen himmelblauen Blumen überzieht den Pfad, Alpen-Frauenmantel und Felsenbaldrian klammern sich an das Gestein. Hier und da ragt die hohe Staude eines Germers (Nieswurz) mit breiten, rundlichen Blättern hervor. Das Buschgestrüppe klettert an den Rücken und Kämmen ziemlich hoch hinauf, dazwischen hinein ziehen sich aber hellgrüne Kräutermatten. Ein Gehege aus Steinblöcken und halbverwitterten Bäumen bezeichnet die Grenze einer Alp, eines Weidereviers; selbst der Weg ist versperrt, um das Vieh am Entlaufen zu hindern. Wir klettern darüber, und nachdem wir den nächsten Bergrücken überstiegen, begrüßt uns das Gebrüll von Kühen. Eine kleine Sennhütte liegt vor uns.

Der wettergebräunte Senner teilt freiwillig sein Frühstück mit uns. Während wir einer Schüssel Milch tüchtig zusprechen, verläßt uns der Senner und kehrt nach wenigen Minuten mit zwei kleinen Vogelbauern zurück, in denen er Kreuzschnäbel verwahrt hat. Er fing die drolligen Vögel, die in ihrem Benehmen sehr an die Papageien erinnern, auf einem Bergvorsprunge, der nicht weit von seiner Hütte ist. Dort stellte er in Käfigen Lockvögel unter freistehenden Fichtenstämmchen auf und besteckte die Zweige mit Leimruten. Wir erinnern uns, daß ja unsre Zugvögel alljährlich auch Alpenreisen ausführen. Sie wählen dann auch jedesmal ziemlich dieselben Wege in den Haupttälern entlang und passieren die Bergketten an den bequemsten, niedrigsten Stellen. Ebenso ruhen sie dann fast immer an denselben

Plätzen. Die Jungen lernen es von den Alten, und diese haben es von ihren Vorfahren gelernt, als sie dieselben begleiteten. Dergleichen Plätze und Straßen kundschaften dann die Vogelsteller aus und machen mit dem Einfangen der Vögel gute Geschäfte.

Nach kurzer Rast klettern wir langsam weiter. Der Weg windet sich in vielfach gebogenen Zickzacklinien steiler und steiler hinauf. Abermals sind wir eine Stunde lang höher gestiegen — da stehen wir am Fuße des letzten steilen Kegels. Das Buschdickicht hört auf, kahles Felsgeröll beginnt, zwischen dem nur hier und da spärlich noch ein Kräutchen oder Grasspitzchen haftet.

Die Windungen des Weges werden kürzer und kürzer, noch 44 derselben zählen wir bis an die Spitze. Jach stürzt die Wand ab — ein einziger Tritt aus dem Wege würde uns zum Verderben gereichen. Die Böschung ist sehr steil, und nichts bietet sich der Hand des Gleitenden zum Anklammern. Ein Straucheln, ein Fall würde hier sicher zum Todessturz. Gehe dicht vor mir her, achte sorgsam auf den Pfad und jeden Stein, der im Wege liegt, setze den Bergstock stets nach der oberen Bergseite ein. Rolle keinen Stein herab! Er könnte unten jemand erschlagen und dir Schwindel erzeugen. Blicke weder links noch rechts, die Aussicht genießen wir besser oben beim Ruhen!

Jetzt ist die Spitze des Berges erreicht. Eine Holzsäule markiert sie und dient uns beim Niedersetzen als Rückenlehne. So dahingestreckt auf sonnenwarmes Gestein, bedecken wir zwei ziemlich den ganzen Gipfel des Berges. Nach allen Seiten geht's schroff hinunter; unendlich aber ist die Fernsicht.

Dort drunten liegen die mächtigen Vorberge mit dunklen Wäldern, die wir soeben überstiegen. Nach Süden siehst du den Spiegel des Walchensees, nördlich den Kochelsee. Weiter hinaus nach dem Tieflande blinken zahlreiche kleine Seen bis zu dem Würmsee, über den uns gestern das Dampfboot trug.

Nach Westen erstreckt sich von unserm Sitze aus ein langer schmaler Felsrücken — ein Gemspfad führt auf dem Grate entlang. Um keinen Preis würden wir jenen Weg gehen, denn der geringste Schwindel, der geringste Fehltritt brächte uns Tausende von Fußen tief in die Felsschluchten hinab. Nicht weit von unserm Sitze, ein wenig unterhalb des Gipfels, biegt ein ebenfalls gut gebahnter Seitenpfad ab, der mitten in das wilde Felsenlabyrinth hineinführt. Auf einem der schroffsten Vorsprünge ist eine Jägerlaube angebracht; ein festes Geländer schützt vor einem Sturz in die Tiefe, Bänke dienen zum Ausruhen, und ein leichtes Wetterdach bietet Schutz gegen die Sonne. Jenes Schießhüttchen ist der eigentliche Herzogenstand, schon seit langen Jahren zum Ansitz auf Gemswild für den fürstlichen Herrn eingerichtet, der sich hier das ausschließliche Recht zur Jagd vorbehalten hat.

Hinter den Felsen des Heimgartens ragt das mächtige Haupt der Rauheck. Südlich erscheint der Spitzkegel des hohen Fricken, dann das Wettersteingebirge mit dem Zugspitz, weiterhin das Karwändelgebirge und in südöstlicher Ferne das Eismeer der Ötztaler Gebirgsgruppe mit zahlreichen Schneespitzen. Letztere dünken uns nicht gar sehr weit; wir werden aber doch noch sechs Tagesmärsche brauchen, ehe wir sie erreichen.

Auch nach Osten türmt sich ein ganzes Heer von Bergen, einer hinter dem andern. Wer nennt sie alle mit Namen? Die näheren liegen dunkel gefärbt zu unsern Füßen, die fernen werden mehr bläulichgrau und violett, bis die fernsten Schneehäupter fast im Dunst des Horizontes verschwinden.

Deutlich haben wir bei unsrer Wanderung die verschiedenen Gürtel unterschieden, welche die abnehmende Wärme an den Seiten des Gebirges entlang erzeugt: zu unterst Wälder aus Laubholzbäumen, dann Nadelholzwald, dann Buschwald aus niederen Sträuchern, Alpenmatten und Kräuter und Gräser, dann kahle Felsen, und an den entfernteren Bergen sehen wir die obersten Teile sämtlich in Eis und Schnee eingehüllt.

Alpenrosen: behaarte — rostfarbene.

6.

Zwischen Alpenrosen.

Zwischen den blühenden purpurnen Alpenrosen, dem Almenrausch der Alpenbewohner, wollen wir uns lagern. Hier waltet die Alpenluft! Weit, weit unten liegen die Kuppen der niederen Berge, noch tiefer der Wald, und ganz drunten blinkt der Spiegel des Sees. An seinen Ufern liegen die Häuser wie Pünktchen. Weit in der Ferne verschwimmen Berge und Täler, Städte, Dörfer, Felder und Seen in duftigem Nebelschleier.

Die Sonne strahlt warm vom dunkelblauen, klaren Himmel. Kaum ein Lüftchen regt sich. Kein Laut ist zu hören als das Summen der Fliegen über den Blüten.

Am ganzen Bergabhange hin zieht sich die Blumenpracht, reicher und üppiger, als je eines Hofgärtners Kunst im fürstlichen Lustgarten Azaleen- und Rhododendrengebüsche geordnet. Aus dem glänzend frischen Laube quellen dichte Blumensträuße im feurigsten Purpur. Die länglichrunden, zolllangen Blätter hat der Morgentau sauber gewaschen. Da ist nirgends ein Stäubchen zu sehen. An den fünfteiligen Blumenkronen, die wie Kelche aus Rubinglas schimmern, hängen noch die feinen Nebeltröpfchen gleich einem Silberbesatz, und die Staubgefäße, je zehn in einer Blüte, schauen hervor, als seien sie aus Golddraht gemacht, das Meisterstück eines Hofjuweliers.

Auf dem weichen Moospolster unter den mehr als fußhohen Büschen der Alpenrosen liegen zahlreiche kleine braune Schuppen. Sie hüllten während des Winters die Zweigknospen der Alpenrosen ein, schützten die jungen Blätter und die weichen, feinen Blumenknospen vor der bitteren Kälte, just wie ein zartes junges Menschenkind warm und weich eingehüllt wird. Der Schnee lag im Winter ellenhoch oben darauf. Nur die Schneehühner hatten sich hier ein Versteck eingescharrt und pickten die Samenkörnchen aus den vorjährigen reifen, aufgesprungenen Kapseln. Endlich nahm die warme Maisonne den weißen Teppich hinweg. Der Föhn, der warme Südwind, fegte die letzten Fetzen davon ins Tal; die Knospen sprangen und streckten sich, die Winterschuppen fielen zur Erde und die jungen Zweiglein mit hellgrünen Blättern und der purpurnen Blütenpracht breiteten sich aus. Anfänglich sind die Blätter auf beiden Seiten frischgrün, im Herbst werden sie bei der rostfarbenen Alpenrose, welche die Urgebirgsalpen der mittleren Ketten bevorzugt, auf der Unterseite gelbbräunlich bestäubt. Im ersten Winter fallen sie nicht ab. Die Alpenrosen sind immergrün. Im zweiten Jahre sind die Blätter auf der Unterseite ganz rostfarben. (Siehe Anfangsbild S. 20 rechts: rostfarbene Alpenrose.)

Niederliegende Azalee. (Natürliche Größe.)

Eine zweite Art vom Geschlecht der Alpenrosen, welche auf den Kalkalpen wächst, trägt rings an dem Blattrande feine Wimperhaare. Die Unterseite der Blätter ist weniger bräunlich, mehr grün. (Siehe Anfangsbild links: behaarte oder wimperblätterige Alpenrose, beide in natürlicher Größe.) Das Rot der Blüten ist bei beiden Arten manchmal dunkler, ein andermal heller, ganz weiß kommen die Blumen nur an seltenen Stellen vor. Diese weißblumigen Alpenrosen sind keine besondere botanische Art, sondern nur eine Spielart, wie ja auch bei rotem Fingerhut und bei blauen Glockenblumen weiße Blüten auftreten.

Noch ein drittes niedliches Pflänzchen der Alpenrosenfamilie besitzt die Alp: die niederliegende Azalee, im Blatt fast der Myrte oder der Rauschbeere ähnlich. Die Blüten sind klein, wenig prahlend, niedlich gebaut.

Mit den eigentlichen Rosen unsrer Gärten haben die Alpenrosen nichts weiter gemein, als die Pracht der Farbe. Ihrem Bau nach betrachtet sie der Pflanzenkenner als Verwandte der Heidekräuter und Preißelbeeren. Es wächst hier dichtbei im Gebüsch aber auch eine Alpenrose, sehr ähnlich unsrer Hundsrose, die eine eigentliche Rose ist und die sich dadurch sofort bemerklich macht, daß sie fast gar keine Stacheln hat.

Der Alpenbewohner liebt seine Alpenrosen. Gern pflückt er von ihnen einen herrlichen Strauß und schenkt ihn dann dem Freunde oder der Freundin; schade nur, daß ein solcher Strauß am Hute gar zu bald welkt und verschrumpft. — Aber weißt du auch, was die Alpenleute von der Entstehung der Alpenrose erzählen? Ein Märchen ist's, das an die griechischen Blumenmärchen von der Adonis, Narzisse und Hyazinthe usw. erinnert, ebenso an jene Sage vom stolzen Ritterfräulein auf dem Kynast am Riesengebirge.

Es wohnte in uralter Zeit, so erzählt man, ein Mädchen im Alpenlande, die ebenso hoffärtig wie schön war, ebenso gefühllos im Herzen wie lieblich von Angesicht. Kein Bursche im Lande war ihr gut genug, und jeden, der um sie anhielt, schickte sie mit Spott und Hohn wieder heim. Da geschah es, daß einst ein wackrer Bursch, namens Hans, um ihre Hand warb. „Wenn du mir einen Strauß Flühblümli dort von der Felswand holst, wo sie am schönsten sind, will ich dir gewähren!" antwortete sie. Sie meinte aber, der Hans würde sich das nimmer getrauen, denn noch kein Mensch hatte jenen Felsen erklommen, und jeder hielt ihn für unersteigbar, sie selbst auch. Der Hans aber versucht's doch, klettert wie ein Eichkätzchen an der Wand hinauf und erreicht schon die Blumen — da wankt ein Stein unter seinem Fuß — er stürzt und liegt zerschmettert unten am Wege, die Flühblümli noch in der Hand. Da kommt das hoffärtige Mädchen daher und sieht den Hans mit den Blumen tot in seinem Blute. Schreck und bittre Reue machten sie wahnsinnig. Aus dem Blute des Hans aber sproßen rote Blumen auf, die Alpenrosen, und warnen jedes Mädchen der Alp vor sündhaftem Hochmut und frechem Spott.

7.

In den Wolken.

Hermann an seinen Bruder Karl.

Lieber Karl!

Nun weiß ich auch, wie es im Himmel ist, wenigstens in den Wolken!

Du kennst das große Bild in der Kirche mit den vielen Engelsköpfchen, die zwischen schönen bunten Wolken hervorgucken. Wenn ich das früher ansah, dachte ich immer, die Wolken müßten so weich sein wie Baumwollenflöckchen und auch so warm halten, da die Engel ja fast immer nackt sind und doch dabei lustig aussehen.

Gestern waren wir in den Wolken, nämlich auf einem Berggipfel, um den die Wolken herumzogen und uns manchmal ganz einhüllten.

Der Berg, auf den wir stiegen, hieß der Herzogenstand. Es führt ein schöner Weg hinauf, und wir brauchten mehr als vier Stunden Zeit, ehe wir hinaufkamen. Der Herzogenstand ist mehr als 2000 m hoch, also höher als die Schneekoppe des Riesengebirges und noch einmal so hoch als der Brocken. Hier in den Alpen rechnet man ihn aber doch nur zu den Vorbergen, denn andre Berge, die wir von ferne sahen, sind noch einmal so hoch. Hinunter gingen wir einen steileren und kürzeren Weg und brauchten nur zwei Stunden dazu.

Wir waren gegen 11 Uhr dort auf der Spitze des Berges und setzten uns, um auszuruhen und zu frühstücken. Wir hatten uns etwas zu essen und zu trinken mitgenommen, denn dort oben gibt es kein Wirtshaus. Der Platz auf dem Berge war nicht viel größer, als daß er gerade für uns ausreichte. Es hätten sich höchstens noch drei oder vier Personen dicht daneben setzen können, dann wäre das kleine Plätzchen ganz bedeckt gewesen.

Nach Norden sahen wir in ein tiefes Tal hinab, wohl 1000 bis 1250 m tief hinunter. Nach Süden war ebenfalls ein solch tiefes Tal. Zwischen beiden Tälern befand sich eine hohe Bergwand. Oben war diese Wand ganz schmal, nicht breiter als vielleicht einen Fuß. Dabei war sie ungleich hoch und von vielen Klüften und Spalten zerrissen. Sie fing bei unserm Sitze auf dem Gipfel des Herzogenstandes an und führte hinüber nach einem andern Berge, dem Heimgarten und Rauheck, die wohl $1/2$ bis $3/4$ Stunde entfernt sein mochten.

Die Sonne schien wunderschön warm; wir waren beim Steigen auch heiß geworden und banden unsre Tücher um, als wir uns setzten, denn droben auf der Bergspitze wehte der Wind etwas kühl. Das südliche Tal lag in hellem Mittagssonnenschein, da war es warm. Das nördliche Tal lag im tiefen Schatten und war deshalb kühl; es endigte am Kochelsee, der von der Sonne beschienen war. Weiterhin war noch eine ganze Menge andrer Seen, größere und kleinere. Alle funkelten im Lichte wie Silber und blanke Spiegel.

Da sahen wir plötzlich in dem nördlichen Tale tief unter uns ein kleines weißes Wölkchen. Dann huschte, wie von einem Berggeist hergezaubert, hinter den Klippen eine ganze Schar ähnlicher Wölkchen hervor. Sie zogen an den Talwänden hin und hoben sich dabei: die einen zogen langsam, gerade als ob die Wölkchen lebendige Wesen wären, die miteinander spielten. Es war noch vielmal hübscher als die Wolken, die wir im Theater sahen, als wir beide miteinander im „Freischütz" waren und die Wolfsschlucht gespielt wurde. Hierbei muß ich dir noch bemerken, daß es hier in den bayrischen Alpen gar keine

Wölfe mehr gibt, auch keine Bären. Rings um uns war alles mäuschenstill, bloß ein paar Fliegen summten um uns, sonst hörte man keinen Laut. Wer furchtsam oder abergläubisch gewesen wäre, hätte sich einbilden können, er sähe hier eine Versammlung von Geistern und Gespenstern, die von einem Geisterkönig kommandiert würden, jetzt eine Beratung hielten und dann exerzierten.

Der Vater sagte: diese Wolken und Nebel entstünden durch die verschiedenen Luftströmungen. Die warme Luft kommt vom See her und ist reich an Wasserdunst. Sie hebt sich, weil sie leichter ist, und weht deshalb nach dem kalten Tale am Berge herauf. Hierbei erkältet sie sich wieder und scheidet den Wasserdunst aus in Gestalt von Wölkchen. Wie die warme Luft des Tieflandes und die kalte Luft des schattigen Bergtales miteinander kämpfen, hin und her strömen, so entstehen auch die Wölkchen und Nebel.

Während wir so dem sonderbaren Wolkenkriege unter uns zusahen, stieg plötzlich dicht vor uns eine dicke, weißgraue Nebelmasse auf, und wir fühlten einen feuchten, kühlen Windstoß. Es hob sich eine Wolke an dem Berge empor, an dessen Spitze wir saßen, und hüllte uns einige Minuten lang ein. Mir wurde fast ängstlich zu Mute. Es war nur feuchter Nebel, der ziemlich rasch vorbei zog, und von der andern Seite schimmerte immer noch die Sonne etwas durch, aber es kam mir doch ganz unheimlich vor, so daß ich mich fest an die hölzerne Säule anlehnte, die auf der Mitte des Berggipfels steht. Der Vater sagte: gerade diese Wolken und Nebel seien für Bergsteiger das Schlimmste, da die Leute dann nicht weit sehen können und sich leicht verirren. Manchmal werden aus solchen Nebeln auch Gewitter mit Regen, Schnee und Hagel, und wen ein solches Wetter droben auf den Bergspitzen überfällt, der kann Gott danken, wenn er mit dem Leben davon kommt. Die Gewitter sollen droben in den höchsten Gebirgsteilen mitunter ganz schrecklich hausen, so daß selbst die Kühe dadurch scheu werden, wild davonrennen und in die Abgründe stürzen.

Die Wolke, welche uns einhüllte, zog bald vorüber. Nun sahen wir aber das ganze nördliche Tal von einer dichten Nebelmasse erfüllt und das südliche Tal dicht daneben im klarsten Sonnenschein. Von der nördlichen Talwolke unter uns hoben sich fortwährend einzelne Häufchen etwas empor und zogen zwischen den Klippen hindurch nach dem Sonnentale hinüber. Sie nahmen dabei wunderliche Gestalten an. Manchmal sah eine solche **Wolke** gerade aus wie eine Riesenhand und streckte lange, lange Finger vor. Dann ballte sie sich zusammen wie eine Faust. Sowie sie aber in das warme Tal ein Stückchen hinein kam, ward sie plötzlich klein und — weg war sie! Dann kam eine zweite, die sah aus wie ein großer Kopf mit einer ungeheuer langen Nase und aufgesperrtem Munde! Er guckte zwischen den Felsen hervor, da fiel plötzlich die Nase ab, jetzt auch das Kinn und — jetzt war der ganze Kopf in lauter kleine Stückchen zerrissen, die gleich darauf auch verschwanden.

Dann wieder marschierte eine große Wolkenmasse heran; es sah aus, als wollte der König des kalten Tales einen Feldzug gegen den Sonnenkönig im andern Tale vornehmen und bereite jetzt einen Generalsturm vor. Die Nebelschichten zogen heran wie ein dichter Schlachthaufen, nur an den Rändern guckten dünne Zipfelchen wie Spitzen von Spießen und Köpfe von Wolkenreitern hervor. Der Marsch ward rascher und rascher! Nun wird's nicht lange mehr dauern, dachte ich, so werden die Wolken das südliche Tal erobern. Aber nein! sowie die Wolke über den Kamm hinüber war, ward sie zusehends lichter und verschwand kurz darauf.

Der Vater sagte: es fände hier gerade der umgekehrte Vorgang statt, wie bei der Entstehung der Wolken im kalten Tale. Kommen die kühlen Nebelmassen aus dem Schatten in das warme Sonnental hinein, so lösen sie sich wieder auf. Sie werden von der heißen Luft aufgenommen und in ihr verteilt als unsichtbarer Wasserdunst.

Zu derselben Zeit haben die verschiedenen Berge und Täler im Gebirge sehr verschiedene Wärme, je nachdem sie von der Sonne mehr oder weniger beschienen werden. Deshalb finden auch fortwährend Luftströmungen und Winde statt, und dadurch entstehen Nebel und Wolken. In dem einen Tale kann es blitzen, donnern und regnen, in dem benachbarten Tale kann zu gleicher Zeit die Sonne scheinen.

Der Fußsteig, den wir beim Abwärtssteigen einschlugen, führte uns durch das warme südliche Tal. Mir war dies lieb, denn ich mag den Sonnenschein doch noch viel lieber leiden als die allerschönsten Wolken. Obschon ich mitten in den Wolken drin gewesen bin, bin ich doch kein Engel geworden, sondern immer noch geblieben

Dein Bruder Hermann.

8.

Nachtlager in der Sennhütte.

Hermann an seinen Bruder Karl.

Lieber Karl!

Laß Dir erzählen, wie's mit den Sennhütten und mit dem Alpkäse ist; jetzt weiß ich's!

Ich freute mich königlich, als der Vater sagte: wir würden zu Nacht in einer Sennhütte bleiben und dort schlafen. Du wirst wohl wissen, als wir im Theater „Das Versprechen hinterm Herd" gesehen hatten, wie uns da die Sennerin so großen Spaß machte. Sie sang recht hübsch, und alles sah so nett aus. Nun dachte ich: wenn vollends die schönen Alpenblumen und ordentliche Kühe mit Glocken dabei sind, dann muß es noch vielmal hübscher sein als auf dem Theater.

Richtig! Gegen Abend kamen wir auch zu einer Sennhütte. Wir waren mehrere Stunden lang bergauf geklettert und gehörig müde, hungrig und durstig. Zuletzt war das Wetter nebelig und kalt geworden, wir waren feucht und fröstelten.

Der Platz, auf dem die Sennhütte stand, wollte mir gar nicht gefallen. Es war ringsum naß und kotig. Der Führer sagte aber, man baue die Sennhütten gern in die Nähe von Wasser, weil man zur Butter- und Käsebereitung viel Wasser brauche. Man leite sogar mitunter eine Wasserrinne durch die Milchkammer, wenn sich's tun lasse.

Die Kühe waren tüchtig in dem Kot herumgetreten, und ein Paar Schweine grunzten uns zum Willkommen an. Sie hatten Ringe von Eisendraht durch die Nase. Es wurde mir gesagt: dies geschehe, damit sie nicht die Alpenweide zerwühlten. Gefüttert werden sie mit den Molken, die beim Käsemachen übrig bleiben.

Um die ganze Sennhütte stand ein Dickicht von Alpenampfer, den die Kühe nicht fressen mögen. Die Wände waren unten von Steinen gebaut, oben aus Holzstämmen, die an den Enden ineinander gekrempt werden. Die Lücken hatte man mit Moos zugestopft. Auf dem Bretterdache lagen wie gewöhnlich große Steine, damit der Wind die Schindeln nicht fortwehe.

Auf einigen großen, holperigen Steinblöcken, welche die Treppe vorstellten, kletterten wir nach der Tür. Diese war durch ein kleines Gitter verwahrt. Zunächst gelangten wir in einen Stall mit Kälbern. Als Streu war Moos darin. Dann kam erst die eigentliche Holztür mit einem Schloß, auch von Holz, einem Riegel mit eingeschnittenen Zähnen. Jetzt traten wir ein und begrüßten die Sennerin. Sie war bereit, uns zu behalten. Sie sah aber ganz anders aus als jene auf dem Theater. Es war eine alte, sehr kräftige Frau mit Runzeln im Gesicht, die schon 30 Sommer auf die Alm gezogen war. Die Senner suchen eine besondere Ehre darin, ein recht schmutziges Hemd zu haben. Sie meinen, man erkenne daran die fleißigen Arbeiter. Die alte Sennerin schien ihrem Hemd nach sehr fleißig zu sein. Außer ihr war aber auch noch eine junge Sennerin da, eine Elevin, erst 16 Jahre alt, aber wie es schien auch so fleißig wie die 30malige. Ihr Röckchen war unten in lauter Streifchen zerschlitzt, nicht künstlerisch, rein natürlich, von selbst. Auf den Alpen ist alles reine Natur. Anfänglich glaubte ich, sie habe dunkle Strümpfe an — es waren aber die lebendigen Beine.

Wir legten unsre Sachen ab, setzten uns und sahen uns die Sennhütte von innen an. Dielen gab's nicht, es war die nackte Erde. An einer Wand hin lief eine Holzbank. Ein Tisch war auch vorhanden, freilich ein wenig klein; er konnte an der Wand in die Höhe geklappt und auf ein bewegliches Bein heruntergelassen werden. Er war sehr rein gescheuert, ebenso waren alle hölzernen Milchgeschirre sauber, weiß und rein. Die Wände dagegen erschienen vom Rauch desto schwärzer.

In einem Winkel war ein Holzfeuer an der Erde, links und rechts daneben Steinmauern, mit Ruß überzogen. Dies war der Herd. Hier konnte sich niemand dahinter verstecken. Es gibt aber auch viele Sennhütten, in denen ein gemauerter Herd ist. Neben dem Feuerplatze stand ein starker Pfahl. Oben an demselben ging ein Querarm recht-

Inneres einer Sennhütte.

winkelig herüber, der sich drehen ließ. Er sah fast aus wie ein Galgen aus alter Zeit. An diesem Arme hing eine Eisenstange mit großen Sägezähnen und hieran der Kessel.

Ein Fenster war nicht vorhanden. Die Decke ward durch das Dach gebildet. Ein Loch war in derselben. Durch dieses zog der Rauch hinaus, d. h. wenn er Lust hatte. Etwas Licht kam auch herein, freilich auch Nebel und Wind.

An der Wand gegenüber stand eine große Bettstelle mit Heu und ein grobes Stück Zeug darüber als Betttuch. Eine dicke Decke bildete das Deckbett; sie war natürlich auch angeräuchert und feucht vom Nebel.

Zum Willkommen bot uns die Sennerin einen großen Holznapf voll Milch. Jeder faßte ihn mit beiden Händen und trank nach Belieben. Das wäre ein Fest für dich gewesen. Du hättest können trinken, solange Du es vermocht hättest. Dann machte die Sennerin einen Schmarren zurecht. Sahne und Mehl und Butter ward in einem Eisentiegel über dem Feuer gebraten und fortwährend umgerührt, dann der Tiegel auf den Tisch gestellt. Der Vater bekam einen ganzen Blechlöffel und ich einen halben, denn es war kein Stiel daran; der Führer hatte einen hölzernen. Der Schmarren schmeckte aber höchst delikat, noch viel besser als gebratenes Milchmus oder ein Pfannkuchenrand.

Als es dunkel ward, brannte die Sennerin einen langen Holzspan an und steckte ihn auf eine eiserne Klammer neben dem Herde. Das war die Lampe. Der Vater ließ sich erzählen, wie der Käse gemacht würde. Zu dem fetten Alpenkäse bleibt die Sahne in der Milch. Die Milch kommt in den Kessel, und es wird ein wenig Lab zugeschüttet. Das Lab wird aus einem Kälbermagen gemacht, den man einsalzt. Das Salz zerfließt, und davon nimmt man einen Löffel voll. Dann wird die Milch ein wenig warm gemacht und gerinnt. Die Sennerin schöpft die dicke Käsemasse mit einem großen Sieblöffel in einen Sack und beschwert diesen mit einem Brett und Steinen, damit die Molken herauslaufen. Zu den übriggebliebenen Molken im Kessel schüttet sie dann ein wenig Essig und macht das Feuer etwas stärker. Dadurch gerinnen die Molken noch einmal. Aus der Käsemasse, die beim zweiten Gerinnen ausgeschöpft wird, macht man den sogenannten Zieger oder Schabzieger. Diesen essen die Senner oft statt Brot.

Der Vater und ich schliefen in dem Bett der Sennerin, die andern krochen ins Heu. Wir wickelten uns ein, so gut es gehen wollte, denn der Wind blies den Nebel durch die Dachluke herein. Ich schlief auch leidlich, der Vater meinte aber: es sei schade, daß unter den vielen schönen Alpenblumen nicht das Bertramkraut häufiger stünde, aus dem das Insektenpulver gemacht wird. Es würde sich dann vielleicht in Sennhütten besser schlafen.

Wir erfuhren, daß in manchen Sennhütten die Schlafstellen über den Ziegen- oder Schweineställen sind. Dann hat der Reisende nicht nur den Duft der Ziegen und Schweine noch neben der würzigen Alpluft, sondern auch Nachtmusik, denn jene Tiere lärmen fortwährend.

Früh genossen wir eine Milchsuppe, dabei ließ sich das Brot auch besser zerbeißen. Ohnedies war es steinhart und dünn, fast wie ein Stück Pappe. Die Sennerin rieb unsre Schuhe mit Fett ein. Da sie keine Bürste besaß, nahm sie die Hand dazu. Dann schieden wir.

Ich fragte unsern Führer, warum die Sennerinnen ihre Hütten nicht besser einrichteten, da sie doch jedes Jahr darin wohnten. Er sagte: diese Alp wäre nur schmal, ginge aber weit am Gebirge hinauf. Die Senner hätten hier drei verschiedene Hütten am Berge hinauf. Beim Anfange des Sommers zögen sie nach der untersten Hütte, ein paar Wochen später nach der zweiten und nach wieder ein paar Wochen nach der obersten. Oft müßten sie aber schon nach zwei oder drei Tagen wieder hinunter ziehen, wenn oben viel Schnee fällt und liegen bleibt. So sind die armen Leute fortwährend auf der Wanderschaft, haben ein sehr mühseliges, beschwerliches Leben und müssen sich mit dem Notdürftigsten behelfen. Zudem sind die Sennerinnen nicht die Besitzerinnen der Alp und des Viehs, sondern nur die Kuhmägde und Käsemacherinnen der Bauern. Die Herren wohnen nicht in den Sennhütten und haben wenig Lust, Geld zum Schönmachen derselben auszugeben, besonders da im langen Winter vieles wieder zerstört wird.

Es gibt aber auch Sennhütten, die viel schöner sind: Dielen, Fenster besondere Schlafkammer, Teller, Messer und Gabeln haben. In einer sah ich sogar einen Spiegel und ein paar Bilder. Die meisten Sennhütten, Sennerinnen und Senner waren aber nicht so nett wie die auf dem Theater, und die Sennhütten kamen mir vor wie etwas bessere Kuhställe. Wenn ich nach Hause komme, wollen wir einmal eine aus Steinen und Holzstückchen bauen; es ist nicht gar schwer. Den Grundriß bringt Dir mit

Dein Hermann.

9.

Ein Fluß ohne Wasser.

(Gewitterwasser.)

Ein weißer Streifen zieht vom Berggehänge sich herab gleich einem hellen Bache. Er durchbricht den dunklen Tannenwald und dehnt sich wie ein breites Flußbett zwischen grünen Wiesen aus, bis er weit talwärts am Achen endet.

Unser Pfad führt schnurgerade darauf zu. Werden wir durch Wasser wandern müssen? Brücke und Steg sind nicht zu sehen, wohl aber ein paar Häuser dicht daran oder gar drinnen. Jetzt nähern wir uns dem sonderbaren Strom — kein Tropfen Wasser ist vorhanden — nichts als Grus und Schutt und Steingerölle! Hier und da schaut halbverschüttet ein Baumstrunk aus dem Sande. Sieh da! die Häuser sind tief in Schutt vergraben — die Wände sind zerbrochen, das Dach zerstört, die Zimmer fast bis zur Decke mit Gestein gefüllt.

Keine Menschenseele ist ringsum zu sehen. Wir stehen am Rinnsal eines Wetterbaches, einer Regenflut, wie sie nur das Hochgebirge kennt. Wir haben seine schreckliche zerstörende Arbeit vor Augen.

Die Alpen haben wohl in hohem Grade ihre Herrlichkeiten, ihre Pracht und Schönheit — allein sie haben auch ihre Schrecken. Riesige

Gewalten waren ehemals tätig, die Felskolosse aufzubauen — Riesenkräfte arbeiten auch daran, sie wieder zu zerstören. Das ganze Jahr hindurch währt ihre Arbeit, im Sommer sind es andre als im Winter, eine der zerstörendsten ist das Ungewitter.

Am vielgezackten Bergstock hat die schwarze Wetternacht sich festgehangen. Blitze zucken, krachend rollt der Donner, Regen stürzt in Strömen. An allen Seiten der kahlen Felsen rinnt's hinab; in allen Furchen des Gebirges sammelt sich's in Bächen. Zu hunderten rinnen sie binnen wenig Viertelstunden zusammen und werden zum wilden Bergstrom. In der Schlucht braust er hinab. Schutt und Gerölle werden losgespült. Steine poltern talwärts, Felsenzacken untergräbt das wilde Wasser; krachend stürzen sie zum Talgrund und zerschmettern prasselnd tieferstehende Genossen. Hohe Fichten zersplittern vor solchen Wurfgeschossen gleich schwachen Halmen. Bäume, Steine, Schlamm und Wasser — alles donnert tobend in die Tiefe.

Die wilde Flut wühlt sich ein tiefes Bett durchs Tannendickicht, jetzt kommt sie auf der Wiesenmatte an und breitet sich nach allen Seiten aus. Gras und Kraut wird hoch mit Schlamm und Schutt bedeckt. Schwere Steine wälzen die dunklen Wellen polternd über Gartenland und Feld, Felsenquadern donnern an des Hauses Wände. Die Bewohner müssen sich noch glücklich preisen, wenn sie rechtzeitig ihr Leben und ihre beste Habe retten können. Haus und Hof, Feld und Wiese sind verloren. Binnen wenig Stunden ist alles in ein Schutt- und Trümmerfeld verwandelt. Das Haus ist eingestürzt, die Wiesenmatte ist verwüstet. Wehe dem Armen, den solche Wetterflut im Freien überrascht! Wehe dem, den sie zur Nacht in seiner Wohnung überfällt! Schon mancher ward hinweggespült, hinab zum Achen, und niemand hat die Stätte je erfahren, an welcher sein zerschmettertes Gebein zum langen Schlaf gebettet ward.

Verfolgen wir das trockene Bett der Runse nach den Bergen, so finden wir es wilder und wilder, je höher wir in ihm emporklimmen. Ein grauenvoll zerrissener Schlund zeigt sich, wo wir von fern nur einen hellen Streifen sahen. Zu beiden Seiten starren die Felsenzacken schroff gleich Sägezähnen empor; dort hängen sie gar drohend über, als sollten sie im nächsten Augenblick zerschmetternd niederstürzen. Daneben liegen durchbrochene Schieferflöze. Das ist kein Weg für uns, und nichts ist dort zu holen als Gefahr. Selbst der eingeborne

Alpler scheut die zerrissenen Runsen und ihre wilden Tobel. Nach seiner Meinung hausen dort in grauenvoller Öde nur tückische Dämonen, die dem Menschen schaden. Die zerstörenden Naturgewalten, die dem Leben des Alplers drohen und sein angestammtes Besitztum, den Fleiß so vieler Jahre, erbarmungslos vernichten — sie wurden in der Phantasie der Leute zu leibhaftigen Personen, zu bösen Geistern und zu verbannten Seelen.

„Aber", wirst du fragen, „läßt sich denn nicht gegen derartig wildes Wasser etwas tun? Kein Graben anlegen, der es nach dem Flusse leitet, oder sonst was?" — Allerdings hat man in neueren Zeiten angefangen, die berüchtigsten Runsen zu bezähmen; besonders ward dies nötig in solchen Tälern, durch welche eine Eisenbahn oder eine andre Kunststraße gelegt ward. Dort mauerte man für die Gewitterwasser gut eingedämmte, tiefe Betten; dort legte man im Innern der Schluchten Dämme und Bauten an, um die Gewalt der Wasser etwas zu brechen und das Geröll zurückzuhalten. Das Entstehen neuer Runsen hängt von den Gewittern ab. Je nachdem diese sich einmal in diesem oder jenem Tale festsetzen und entladen, je nachdem bricht auch der Wasserschwall einmal aus dieser Kluft, ein andermal aus jener hervor und zeigt sich dann nicht selten höchst verderblich und vernichtend gerade an Stellen, die bis dahin für ganz ungefährdet galten. Am häufigsten sind jene Ströme ohne Wasser, jene langen und breiten Schuttstreifen in den Kalkgebirgen, und zwar hier wiederum am stärksten in denen , die am meisten von Waldungen entblößt wurden. Durch übereiltes Wegschlagen der Forsten ward der Boden bloßgelegt, das Regenwasser spülte an den steilen Gehängen die schwache Erdschicht ab, und keine Grasmatte, kein Moosteppich milderte den Sturz der Gewitterfluten, kein zähes Wurzelflechtwerk hielt das lose Gestein jetzt noch zurück wie ehedem. Durch sorgsame Anpflanzungen neuer Wälder an entblößten Berggehängen, durch kluge Schonung und Pflege der vorhandenen kann deshalb der Älpler wenigstens etwas dem Entstehen der wilden Wetterwasser entgegenarbeiten.

Leider ist es durchaus nicht leicht, einen Bergabhang, der einmal vom Wald und seiner Schicht fruchtbarer Erde entblößt ist, von neuem zu bepflanzen. In vielen Fällen erscheint es geradezu unmöglich. Es bleibt dann dem Alpenbewohner nichts weiter übrig, als seine Wohnung und sein Geländ soviel wie möglich durch Dämme zu schützen.

10.

Wurzelgräber und Enzian.

Der goldgelbe Enzian ist ein König der Alp. Gleich einem goldenen Zepter ragt er schnurgerade mehr als armslang empor, und seine gelben Blütenbüschel leuchten weithin wie lebendige kleine Sonnen und Sterne.

Die untersten Blätter sind mehr als spannenlang und fast ebenso breit, langrund und etwas zugespitzt. Sie stehen je zwei und zwei gegenüber und bilden das grünseidene Prachtkleid des Blumenfürsten. In regelmäßigen Absätzen folgen am Stengel hinauf stets wieder zwei Blätter und formen mit den vorhergegangenen ein Kreuz. Sie werden, je weiter nach oben, desto kürzer, umfassen mit herzförmigem Grunde den Stengel und bilden die lebendige Einfassung zu den Blütenbüscheln, die gleich goldenen Kleinodien hervorschimmern. Jede Blume hat einen gelbgrünen, zarthäutigen Kelch, der fast wie ein Hüllblatt aussieht. An einer Seite ist er gespalten. Die Blumenkrone ist so tief in fünf Teile zerschnitten, daß es aussieht, als bestände sie aus einzelnen Blättern. Zwischen den goldgelben Blumenzipfeln schauen fünf Staubgefäße hervor, aus denen weißgelblicher Blütenstaub quillt. Im Innern der Blume steht der schlanke kegelförmige Stempel. Er trägt auf seiner Spitze zwei kurze gekrümmte Narben und sieht dadurch fast aus wie eine antike Urne.

Soweit dein Auge an der Berghalde sehen kann, wirst du sofort den echten Enzian zwischen den andern Alpenblümchen hervorleuchten sehen. Er beherrscht sie alle durch seine Größe und seinen schlanken Wuchs. Selbst die Stauden, die noch nicht alt genug sind, um Blütenstengel zu treiben, machen sich durch die großen, breiten Blattbüschel kenntlich, die den Wurzelschopf bilden.

Die Wurzel bohrt sich tief ein zwischen Schutt und Grus in den Felsgrund. Sie wird stärker als ein Daumen und so lang wie ein Kinderarm. Es ist gar nicht so leicht, sie auszuziehen. Schneide ein Stück ab und spalte es. Es sieht gelblich aus, beinahe wie Süßholz; koste den Saft — er ist gallenbitter! — Nicht bei jeder Blume der Alpen ist es ratsam, den Saft zu kosten; manche ist giftig. Wollte einer die Enzianwurzel verzehren gleich einer Möhre, so möchte sie ihm auch nicht gut bekommen. Der Älpler aber preist sie hoch, und mancher arme Mann aus dem Alpdorfe steigt auf den Berg, um Enzianwurzeln zu graben.

Der Wurzelgräber versieht seine Schuhe mit Steigeisen und seinen langen Bergstock mit einem tüchtigen Stachel, denn nicht immer stehen die Enziane bequem auf schöner Matte. Viele sprießen aus steiler Bergwand, an welcher der Fuß nur mit Schwierigkeit haftet. Andre stehen auf schmalen Steingesimsen und Felsbändern, die an schroffen Gehängen entlang ziehen. Mit Schwindel darf der Wurzelgräber durchaus nicht behaftet sein. Über den gähnenden Abgrund hinweg muß er die lange Wurzel tief aus dem Grunde ausziehen und darf dabei nicht schwanken und straucheln. Von oben herab stürzen nicht selten Steine, abgelöst durch weidende Ziegen oder Gemsen. Adler und Lämmergeier bedrohen ihn, wenn er an der kahlen Wand klebt gleich einem Ziegenlamm, das sich verstiegen hat. Sie stoßen auf ihn herab und versuchen durch plötzlichen Flügelschlag ihn in den Abgrund zu schleudern. Das mürbe Gestein weicht unter dem Fußtritt, Nebel verhüllen den Pfad zur Rückkehr; Lawinen und Bergstürze drohen dem Wurzelgräber so gut wie jedem andern Bergsteiger, der sich in die wilden Gründe der Alpen hinein wagt.

Bei den vielen Gefahren, die den armen Mann umgeben, ist es kein Wunder, daß seine Einbildungskraft ihm Gespenster und Dämonen vormalt, die in den zerrissenen Schluchten heimtückisch lauern und die Wurzelschätze behüten. Er meint: sie betrachten ihn als einen Räuber, der ihre Kleinodien stehle, und sie seien bestrebt, ihm zu schaden.

Nicht jeder Wurzelgräber kehrt glücklich mit Beute zurück. Mancher liegt zerschmettert im wilden Tobel, und niemand findet seine Gebeine.

Auf einsamer Matte hoch droben im Gebirge steht ein kleines Blockhaus. Das Dach ist mit Schindeln gedeckt und mit Steinen beschwert. Es scheint von fern eine Sennhütte zu sein; trittst du näher, so merkst

Alpen-Enziane.
a gelber Enzian. b Purpur-E. c stengelloser E. d aufgeblasener E. e Frühlings-E. (Natürl. Gr.)

du den Unterschied. Es ist hier kein Gehege fürs Milchvieh, auch sonstige Viehspuren fehlen — du stehst vor einem Laboratorium für Alpenarznei. Der Wurzelgräber bereitet hier aus den Enzianwurzeln einen bitteren Branntwein, der als Medizin hochgerühmt ist. Bei schwachem Magen und Gicht, auch wohl bei Fieber wird er als heilsam gepriesen, und fast jeder Alpenbewohner hat zu Hause ein Fläschchen solchen Branntweins, um sich bei Krankheitsfällen selbst zu helfen.

Wie sollten die armen Leute auch die Hilfe des Arztes und des Apothekers erlangen, wenn sie vielleicht eine Tagereise nach dem nächsten großen Orte zu wandern haben, in welchem Arzt und Apotheke zu finden sind! Jeder hilft sich, so gut er kann. Liebstöckel und Engelwurz, Bärwurz, Bergwohlverleih und Nieswurz, Wermut und Bergraute und noch manches andre Alpkraut wandert in die Hausapotheke des Älplers. Von dem einen kocht er Tee, aus den andern preßt er den Saft. Von diesem benutzt er die Blätter, von einem zweiten den Samen, von einem dritten die Wurzeln. Die geschätzteste Wurzel aber ist, wie gesagt, diejenige vom gelben Enzian. Der Älpler gießt Branntwein darauf und zieht dadurch den heilsamen Bitterstoff aus. Mitunter setzt er sie auch dem Biere zu. Freilich mag's auch vorkommen, daß einer die Enziantropfen trinkt, weil sie Branntwein sind, sich selber aber dabei weismacht, er täte es seiner Gesundheit zuliebe. — Was von den Enzianwurzeln im Alpenlande nicht selber verbraucht wird, wandert in Bündeln und Packen zum Apotheker ins Flachland. Außer der Wurzel des gelben Enzians gräbt der Wurzelsucher auch jene des purpurroten, die ebenso bitter ist. Mancher Kranke im fernen Norden Deutschlands oder in andern Teilen Europas erhält nach schwerer Krankheit Heilung durch Arzneien, welche ihm die Enziane der Hochalpen senden.

Der echte Enzian ist der einzige seiner Verwandtschaft, der hellgelbe Blumen mit tiefzerschlitzten Teilen trägt. Seine übrigen Namensvettern strahlen gewöhnlich im prachtvollsten Blau, mit Ausnahme einiger roten und violetten. So blüht gleich hierbei auf derselben Alpenmatte der bauchige Enzian (Fig. d) mit zartem Stengel, kleinen blauen Blumen und aufgeblasenem Kelch, ferner der bayrische mit weißen Streifen in der Blumenröhre, der stengellose (Fig. c) mit köstlichen dunkelblauen Blütentrichtern von der Länge eines kleinen Fingers. An andern Stellen treffen wir den ebenso schön blauen Schnee-Enzian, den Frühlings-Enzian, Gletscher-Enzian und andre. Bei ihnen sind die Blüten unten röhrig, ihr Saum ist in vier oder fünf Teile gespalten, sternförmig ausgebreitet und bei einigen noch mit blauen oder weißen Schlundblättchen versehen.

Mit ihnen gesellschaftlich kommen auch die ebenso schön blauen und teilweise ebenso bitteren Ehrenpreisarten vor. Beide Gattungen gehören zu den schönsten Blumen der Alpenmatten, die in keinem Alpenstrauß fehlen.

11.

Der angehende Gemsjäger.

Hermann an seinen Bruder Karl.

Lieber Karl!

Beinah' wär' ich gestern Gemsjäger geworden. Ich will dir erzählen, wie das zuging. Ich bin glücklich, daß ich Gemsen gesehen habe, wilde nämlich, nicht solche wie im Tiergarten, und auch einen ordentlichen Gemsjäger.

Wir kamen gestern mittag in eine Sennhütte und ließen uns einen Schmarren zum Mittagsbrot machen. Da saß auch ein Gemsjäger auf der Bank. Der Vater fragte ihn, ob er uns einen Weg führen wolle, auf dem wir vielleicht Gemsen sehen könnten und der für uns nicht zu gefährlich wäre. Die Gemsjäger sind verwegene Leute, die auf einem Dachfirste einen Hopser tanzen, ohne zu fallen. Er sagte: vielleicht; anfänglich müßten wir zwar „a bissel klettern, gefährlich wär's aber nit."

Dieser Gemsjäger hatte eine dicke graue Joppe an mit grünem Aufschlag, kurze Lederhosen bis an die Kniee, an den Waden Strümpfe, an den Füßen Bergschuhe mit dicken, dicken Sohlen, Nägel unten daran so stark wie ein Finger. Die Kniee waren nackt. Um den Leib trug er einen gestickten Gürtel, breiter als eine Spanne. Sein Hut hing an der Wand über dem Doppelstutzen. Hinten am Hut war ein Gemsbart und eine Spielhahnfeder.

Als wir gegessen hatten, marschierten wir mit ihm weiter, zuerst in ein Tal zwischen steilen Bergwänden. Hier zeigte uns der Jäger viele Fußspuren von Hirschen. Er meinte, sie müßten nicht lange erst hier vorbeigegangen sein. Gestern habe er weiter drunten ein Rudel von 70 Stück auf einer Waldwiese gesehen. Dann stiegen wir einen schmalen Fußweg hinauf, einer immer hinter dem andern. Wir mußten viel über große und kleine Steinblöcke hinwegklettern. Wir sahen oftmals nicht die geringste Spur, daß hier früher jemand gegangen war; der Jäger machte uns aber darauf aufmerksam, daß manchmal einige Steine wie ein kleines Türmchen aufeinander gelegt waren. Er sagte, diese „Steinmännchen" wären hier die Wegweiser, welche sich die Gemsjäger machten, um sich zurechtzufinden; er sähe daran, daß wir auf dem richtigen Wege wären. Er meinte: wenn es so helles Wetter sei wie heute, so hätte es auch gar nichts zu sagen; bei Nebel könnte sich einer aber hier sehr leicht verlaufen. An einer Stelle war auch ein Baumstamm schräg an den Felsen gelehnt und Treppenstufen hineingehauen. An den Felsen blühte alles dicht voll Alpenrosen. Der Jäger meinte, dies sei ein ganz guter Weg. Er zeigte aber auf eine hohe Felswand weiterhin, die aussah, als sei sie ganz senkrecht. „Schaun's", sagte er, „dort geht ein Pfad an der Wand hin für die Treiber bei der Gamsjagd, der ist gefährlich. Dort sind hier und da Eisenbolzen in die Felsen eingeschlagen zum Drauftreten und Ringe darüber zum Festhalten. Dort steigen die Treiber hinauf, wann die Gamsen nach dem Schießstand getrieben werden. Das schlimmste dabei ist, daß die Gamsen, wenn sie fliehen, droben Steine lostreten. Die fallen herab und erschlagen leicht die Treiber, die unten sind."

Als wir etwa eine Stunde lang immer steil hinaufgeklettert waren, kamen wir auf einen schönen Weg, den der König von Bayern hat einrichten lassen, damit er auf die Gemsjagd reiten kann. Der Reitweg führte von der andern Seite herauf. Auf diesem gingen wir fort, bis er zu Ende war, nämlich bis zum Schießstand des Königs unter einer Fichte. Die Zweige der Fichte reichten fast bis zur Erde. Davor war noch ein Wall aus Steinen und Rasen aufgebaut und ein paar Lücken zum Durchschießen darin. An der Fichte befand sich eine Bank aus Baumzweigen. Auf diese setzt sich der König von Bayern — und ich habe mich auch darauf gesetzt.

Auf der andern Seite, vor dem Schießstand, war der Berg oben ganz schmal; es war ein langer, schmaler Bergkamm, ein Felsgrat. An beiden Seiten ging es tief, gerade hinunter. Weiterhin führte dieser Grat nach einem großen Bergstock, auf dem viele Gemsen sind. Das ganze Jahr hindurch kommt dort niemand hin. Du mußt nämlich wissen, daß hier niemand weiter Gemsen schießen darf als der König und wer eine besondere Erlaubnis dazu von ihm bekommt. Es sind zwar noch manche solcher vom König angestellter Gemsjäger da, wie unser Führer war, allein diese dürfen kein Wild hier schießen, sondern müssen nur aufpassen, daß kein Wilddieb hierher kommt. Unser Jäger erzählte uns: gestern sei drüben an einem andern Berge ein Wilddieb von einem Jäger erschossen worden. Er erzählte uns mehrere Geschichten von den Kämpfen, welche hier in den einsamen Wäldern und Bergtälern zwischen den Jägern und Wilddieben vorkommen. Am schlimmsten ginge es, sagte er, dicht an der Grenze von Österreich und Bayern her. In Tirol gibt es nur noch sehr wenig Gemsen, weil dort viele Leute auf die Gemsjagd gehen; hier in den bayrischen Alpen gibt es aber noch viele. Es schleichen sich nun nicht selten Tiroler heimlich über die Grenze und schießen den Bayern die Gemsen weg. Werden sie von einem königlichen Jäger ertappt, so nimmt er ihnen die Büchse und das Wild ab, und sie bekommen noch Strafe obendrein. Da trifft es nun, daß ein solcher Wilddieb lieber auf den Jäger schießt, als daß er sich fangen läßt. Die Jäger wissen das und machen ihrerseits auch Ernst. Begegnen sich ein Jäger und ein Wilddieb in der Einsamkeit, so kommt es nicht selten darauf an, wer am schnellsten schießen kann.

Unser Jäger erzählte auch viel von den Kämpfen, die an der Grenze zwischen den Schmugglern und den Zollaufsehern vorkommen, und bei denen es ebenfalls wild hergehen soll.

Die Wilddiebe in der Gegend, wo wir uns gerade befanden, meinte er, wären aus den Orten in der Nachbarschaft und meistens nicht so schlimm.

Morgen, sagte er, solle hier eine große Jagd sein, der König werde dazu erwartet. Da müssen die Treiber von der andern Seite her rings an dem Gebirgsstock hinaufsteigen und die Gemsen allmählich nach dem Schießstande zu scheuchen. An manchen Stellen, an denen die Gemsen etwa seitab laufen könnten, werden auch lange Fäden aufgespannt, in denen weiße Federn oder Zeugläppchen eingeknüpft sind. Vor diesen scheuen die Gemsen zurück und laufen nun dahin, wohin die Jäger sie haben wollen. Kommen die Gemsen zuletzt auf dem Grat dahergetrabt, so schießt sie der König. Seine Büchsenspanner stehen neben ihm und laden ihm die Büchsen.

Die Jäger wissen genau, wie viel Stück Wild in ihrem Revier sind. Unser Weidmann sagte: in den sämtlichen Revieren des Königs von Bayern, in denen niemand weiter jagen darf als er, seien mehr als 7000 Gemsen, fast 6000 Hirsche, 1000 Damhirsche, 7000 Rehe und 1200 Wildschweine.

Von dem Schießstande des Königs gingen wir nach der andern Seite an einem Bergabhang hin nach dem Hause, in dem wir zur Nacht bleiben wollten. Ein eigentlicher Weg war hier nicht, der Jäger sagte aber: er wisse genau Bescheid, es wäre ganz gut zu gehen. Die Sonne wollte bald hinter die Berge sinken. Wir stiegen an einem Felsrücken hinab. Der Jäger war ein Stück vor uns. Da nahm er auf einmal seinen Hut ab und schaute über einige Knieholzgebüsche nach einem Tale hinunter, das gerade aussah wie ein ungeheurer großer Trichter. Er winkte uns: wir sollten stille sein, und als wir herzukamen, sagte er leise: dort unten wären zwei Gamsen, eine Gamsgeiß und ihr Junges. Ich sah hinunter, konnte aber erst nichts weiter erkennen als eine Menge braungrauer Felsblöcke, die wild durcheinander lagen, und hier und da etwas Grünes.

Jetzt klatschte der Jäger in die Hände — da ward es drunten lebendig, und nun sah ich die beiden Gemsen galoppieren, daß die Steine umherflogen. Sie liefen aber gerade an der Talwand herauf, an der wir hinab mußten. Als sie auf dem Grat des Bergrückens ankamen, blieb die alte Gemse stehen und blickte uns an. Die Kleine stand neben ihr, sie hatte aber eine ganz dunkle Farbe. Sie waren kaum etwa 150 Schritte von uns entfernt und sahen beinahe aus wie ein paar Ziegen. Ich legte mit meinem Alpstock auf die große an und zielte, der Jäger sagte aber: „Schieß nicht!“ Da liefen die beiden Gemsen davon, und ich bin daher kein Gemsjäger geworden. Unser Jäger sagte: es sei seit zwei Jahren keine Jagd hier gewesen, deshalb wären die Tiere so wenig scheu.

Nun lies in deinem Lesebuche die Geschichte von den beiden Gemsjägern und denke Dir, der eine von den beiden wärst Du und der andre wäre Dein Bruder Hermann.

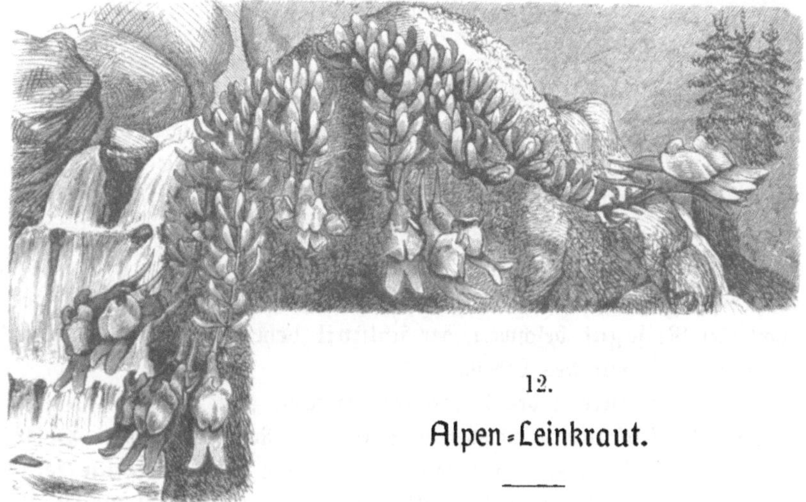

12.

Alpen-Leinkraut.

Sieh her! auf dem dürren Schutt mitten in dem Greuel der Zerstörung, blüht ein allerliebstes Blümchen: das Alpen-Löwenmäulchen (Linaria alpina). Die wunderhübschen violetten Blumenkronen mit langen, dünnen Sporen und orangegelbem Schlunde schauen uns an wie lustige Gesellen, die ihre gute Laune noch behalten, und wenn die Berge wankten und alles drunter und drüber ginge.

Hoch droben auf der Bergeshalde war das Heimatland des Leinkrautpflänzchens; dort droben reifte das Samenkorn, aus welchem es erwachsen ist. Als das Ungewitter losbrach, ward es erfaßt, das alte Kraut wurde mit Stumpf und Stiel herausgespült und fortgerissen. Es ward hinabgestürzt im tollen Durcheinander von Felsen, Steinen, Schlamm und Wasser. Es war ein Stück vom Untergang der Welt. Die stärksten Fichten vermochten nicht zu widerstehen. Die Könige des Waldes sanken durch die Wut des Wassers; sie fielen krachend, als sei ein wilder Feind, ein tolles Kriegsheer hereingebrochen. Ihre Mannen und ihr Hofstaat, der junge Nachwuchs, alle Büsche, Blumen, Gräser, die Moose und Flechten an den Steinen, ja die Steine selbst — alles, und alles wurde losgerissen und prasselte in toller Flucht den Bergschlund hinunter, von dunklen Fluten schäumend überspritzt. Das kleine Samenkorn des Leinkrauts, das ausgefallen war aus reifer Kapsel, es tanzte mit hinab vom Bergeskamme bis zum Tale, wohl mehr als zwanzig Turmestiefen. Es machte alle Sprünge mit, als sei's ein Hauptvergnügen; es durchschlüpfte alle Windungen der langen Bergschlucht, als würd' ein Reigen aufgeführt bei Blitz und Sturmgeheul und Donnerkrachen. Es hüpft und schnellt von einer Felsenzacke zu der andern. Das wilde Mißgeschick, das die gewaltigen des Berges fällte, die Riesenbäume und Felsen brach und jach zur Tiefe stürzte dem kleinen Samenkorne tat es nichts.

Nicht immer ist's beneidenswert, groß und vornehm zu sein; es kann Zeiten geben, in denen dem Kleinen, Anspruchslosen der beste Teil beschieden. Wer viel besitzt, der kann auch viel verlieren; wen nicht viel Reisegut beschwert, der schlüpft behend und leicht hindurch beim Wirbelsturm des Lebens.

Das Samenkorn des Leinkrautes sprang zum Schluß, von einer Welle hochgeschleudert, wohlbehalten an den Rand des wilden Bettes. Hier schlug es Wurzeln ein, begann zu wachsen und breitete die feinen Stengel dicht am Boden aus wie bläulichgraue Strahlen. Zarte schmale Blätter reihen sich dicht aneinander, meist zu vier an einem Punkte entspringend, und am Ende der fadendünnen Zweige wiegen sich die Blumen in dichtgedrängten kurzen Trauben. Sie sehen uns so schelmisch mit ihren wunderlichen Löwenmäulchen an, als sagten sie: „Schaut dort die Splitter der gewaltigen Tanne halbvermodert aus dem Schutte ragen. Der große Baum ging unter, das kleine Blümchen blüht lustig weiter, als sei nichts vorgefallen. Es ist zwar im Vergleich zum Baum nur winzig und unbedeutend, allein es ist darum nicht schlechter, und diesmal war's sogar viel besser dran als er."

13.

Der Geißbub.

Hermann an seinen Bruder Karl.

Lieber Karl!

Heute hättest Du sollen dabei sein! Du würdest einen Hauptspaß gehabt haben! Du wünschtest Dir immer einen Ziegenbock oder eine Ziege — hier war eine ganze Herde, ich weiß nicht wie viele, vielleicht an hundert. Vier davon sind uns sogar eine Viertelstunde weit nachgelaufen und wollten gar nicht wieder fort. Ich hätte wohl eine mögen für Dich mitnehmen. Ein Stückchen Brot, das sie von mir erhielten, schmeckte ihnen vortrefflich, dann konnten wir sie aber gar nicht wieder los werden. Zuletzt kam uns ein Mann auf dem schmalen Wege entgegen und jagte sie wieder zurück. Sie hatten Klingeln am Halse und guckten uns mit großen Augen an. Eine war auf einen hohen Felsblock geklettert und meckerte nach uns herunter.

Die große Ziegenherde war an einer hohen, hohen Bergwand. Manche waren so weit hinaufgestiegen, daß sie wie kleine Pünktchen aussahen.

Du hast manchmal gewünscht, daß Du ein Ziegenhirt wärst, so einer wie auf dem Bilde zu dem Liede: „Ich bin vom Berg der Hirtenknab'". Heute habe ich einen Geißbuben lebendig gesehen, aber einen echten. Das Lied hat er zwar nicht gesungen, desto lauter aber gejauchzt und gejodelt, als wir vorbeigingen. Er saß hoch droben auf einer Felsklippe und hatte nichts an als ein paar graue Hosen und ein Hemd, das ebenso grau aussah. Sein Filzhut war fast wie ein Kaffeetrichter und hatte vielleicht ebensoviele Löcher wie dieser.

Und weißt Du, was er machte, als wir ihm zuriefen?

Der Felsen, auf dem er thronte, war mindestens so hoch wie unser Kirchturm und ging an einer Seite senkrecht gerade herunter. An diesem Rande wuchs Knieholz und hing über den Abgrund hinaus. Klettert der Geißbub wahrhaftig auf einen solchen Stamm, setzt sich darauf und schaukelt sich wie besessen. Das hätte ihm selbst unser Vorturner nicht nachgemacht.

Unser Führer sagte aber, daß ein solcher Geißbub ein hartes Leben führe. Die Ziegen lassen sich schlecht zusammenhalten, da gibt er ihnen etwas Salz zu lecken, damit er sie abends wieder nach der Sennhütte oder nach dem Dorfe treiben kann. Die Ziegen klettern wirklch nicht schlechter als Gemsen. Der Geißbub muß aber noch viel besseri klettern können als sie. Hat sich eine Ziege verstiegen, so daß sie nicht weiter kann, nicht vor- und nicht rückwärts, nicht hinauf und hinunter — dann muß der Junge zu ihr hinklettern und sie herunterholen. Schwindlig darf er gar nicht werden.

Die Alpenleute meinen: ein richtiger Ziegenjunge müsse als kleines Kind nichts weiter trinken als Ziegenmilch, dann werde er nicht schwindlig.

Braten bekommt ein Ziegenjunge im ganzen Jahre nicht, auch keinen Kuchen und Kaffee. Gerstenbrot und Ziegenkäse sind seine Mahlzeit einen Tag wie den andern. Will er etwas Warmes haben, so legt er sich auf den Rücken und melkt sich die Ziegenmilch gleich in den Mund. Dabei riskiert er freilich leicht garstige Nasenstüber. Am schlimmsten ist er daran, wenn's tagelang regnet und schneit und kalter Wind weht. Der arme Junge ist barfuß und hat höchstens eine alte Decke oder einen Sack, um sich hinein zu wickeln. Abends kriecht er ins feuchte Heu, andre Geißbubenbetten gibt's nicht. Du bist zwar nicht mit Ziegenmilch großgefüttert worden, hast Du aber noch Lust, Geißbub zu werden, so schreib mir's, vielleicht findet sich hier eine Stelle mit 2 Mark jährlichem Lohn, dann jodelst Du etwas vor

Deinem

Bruder Hermann.

14.

Die Holzriese am Fernpaß.

Nachdem wir von unsern Ausflügen nach den Bergen zu unserm alten Quartier Walchensee zurückgekehrt sind, sagen wir den Seen ade und wandern auf schön gebahnter Poststraße weiter nach Wallgau und nach dem reizenden Partenkirchen. Stundenlang führt der Weg durch dichten Fichtenwald, dann wieder über Wiesen. Die Umgebung Partenkirchens bietet wiederum vielfache Gelegenheit zu interessanten Fußwanderungen in die nahegelegenen Täler und auf herrliche Berggipfel.

Wir folgen dann der Talstraße südlich nach Lermoos. Das hohe Wettersteingebirge mit dem Zugspitz, dem Plattacher Ferner und dem Alpspitz behalten wir zur Linken. Die Loisach rauscht zu unsrer Seite.

Jetzt überschreiten wir die österreichische Grenze. Auf der Brücke über die Loisach stehen die Grenztafeln Bayerns und des Kaiserstaates. Wir begrüßen Tirol. In Lermoos halten wir Rast und kosten zum erstenmal Tiroler Landwein, das riesige Wettersteingebirge mit seinen zahlreichen weißen Schutthalden und kahlen Gipfeln vor Augen.

Am nächsten Morgen setzen wir unsern Marsch auf der Poststraße weiter fort. Es interessieren uns die schönen Bruchstücke von weißem und schwarzem Marmor, mit denen hier die Straße gebessert ist. Der Weg hebt sich allmählich in zahlreichen Windungen bis zur Höhe des Fernpasses mehr als 1000 m übers Meer, führt zwischen dem Mittersee, Weißen See und Blindsee hindurch und bringt uns zu den Häusern auf der Fern, in denen wir uns mit Speise und Trank etwas erquicken.

Von hier geht's behaglich bergab. Die alte Straße führt rechts dicht an der Felsenwand entlang. Gedenktafeln mahnen daran, daß hier dem Wanderer nicht selten durch Steinfälle und Lawinen Gefahr drohe. Die neue Kunststraße folgt der gegenüberliegenden Talseite, die weniger gefährdet ist.

Nicht weit unter den Fernhäusern treffen wir einen Teich. Er ist durch einen Schleusendamm (eine Klause) eingeschlossen und kann aufgestaut werden, sobald es nötig ist. Die Bergrücken der Umgebung liefern Brennhölzer. Das Wasser soll sie ins Tal hinunterschaffen. Vom Schleusentore an führt eine Holzriese ein paar Stunden weit bis nach Nassereit in den Gurgelbach. Die Holzriese ist eine Rinne aus behauenen Planken, die möglichst dicht aneinander gefügt sind. Zwei Planken bilden den Boden, dann folgen an jeder Seite zwei oder drei andre Planken aufeinander gefügt und etwas mehr auseinander tretend. Lücken, die etwa noch zwischen ihnen vorhanden sind, hat man mit Moos und Gras ausgestopft, so daß sie dicht schließen. Soll die Riese benutzt werden, so wird sie sorgfältig ausgebessert und möglichst wasserdicht gemacht. Sie windet sich im Tale hinab in gleichmäßiger Neigung und ruht oft weite Strecken hin auf untergestellten Holzböcken. Dabei vermeidet sie scharfe Biegungen, damit die hinabgleitenden Scheite nicht ausspringen.

Die geschlagenen Scheite, die von vorstehenden Aststücken befreit und möglichst glatt und gerade sein müssen, schafft man in die Umgebung des Teiches auf die Fern. Aus knorrigen Stücken und krummen Scheiten brennt man die Kohlen. Die Schleusentore werden geschlossen und der Teich aufgestaut. Wo unterwegs neben der Riese andre Wasserläufe vorhanden sind, werden diese durch Rinnen auch mit in diese Riese geleitet., Ist alles vorbereitet, so wird das Schleusentor ein wenig geöffnet und die lange Holzbahn bewässert, glatt und schlüpfrig gemacht. Dann werfen die Holzknechte droben die Scheite ein. Diese schießen rasch in der Rinne entlang, eins folgt dem andern, sie jagen talwärts und legen die stundenlange Strecke in kurzer Zeit zurück. Bei Nassereit gelangen sie in den Bach und in diesem schwimmen sie nach dem Inn. In Innsbruck, Hall und in andern Orten der holzärmeren Täler fängt man die Scheite wieder und benutzt sie als Brennholz. Während das Holz abschießt, sind Aufseher in verschiedenen Entfernungen an der Riese aufgestellt und achten darauf, daß die Leitungsrinne in gutem Stande bleibt. Sie bessern dieselbe sofort aus, wenn sie schadhaft wird, und helfen nach, wenn sich ja etwa die Scheite aufstauen und die Riese verstopfen.

Im Bächlein selbst kann man hier das Scheitholz nicht gut talabwärts flößen. Sein Bett liegt voller Felsblöcke und Gesteine und hat zu wenig Wasser, so daß das Holz sich festsetzen würde. Dazu ist wieder stellenweise das Bachbett zu breit und flach und hat wenig Gefälle. In manchen andern Tälern der Alpen benutzt man aber die Bäche und Flüsse selbst zum Flößen der Scheithölzer, wenn sich ihr Rinnsal dazu eignet. Sind dieselben nicht wasserreich genug, so bringt man an ihnen auch Teiche und Schleusen an, setzt sie auch wohl mit Seen in Verbindung, wenn solche in der Nähe sind. Um hinreichende Mengen Wasser zu erhalten, leiten die Holzflößer mitunter sogar kleine Wasseradern von allen Seiten in Holzrinnen und Röhren herbei und sammeln das Wasser lange Zeit hindurch an. Sie werfen dann die meisten Scheite in das Bett des Baches selbst, andre stellen sie dicht an seinem Rande auf. Anfänglich lassen sie erst ein wenig Wasser aus der Schleuse fließen, damit das Holz anfängt sich zu bewegen. Dann wird die Schleuse mehr geöffnet, und Wasser und Scheite toben und poltern mit betäubendem Lärmen talab.

Viel mehr Mühe macht das Fortschaffen der größeren Stämme und schwereren Blöcke, welche zu Bau- und Nutzholz dienen sollen. Mitunter läßt man dieselben auch auf Holzbahnen und Wasserriesen von der Bergseite herab zu Tale gleiten. Manchmal wartet man erst den Frost ab, läßt etwas Wasser in der Holzrinne entlang fließen und gefrieren und erhält so eine Eisriese. Dergleichen Eisriesen, in denen große Stämme entlang gleiten, führen dann noch stundenweit an den steilsten Talgehängen hin, und ihr Bau erfordert ebensoviele Mühe wie Geschicklichkeit und Umsicht. Die Erbauer derselben wissen jeden Vorteil zu benutzen, um der schweren Rinne Unterlage und Halt zu

4*

verschaffen. Hier stützen sie dieselben auf vorspringende Felszacken, dort auf freiliegende Blöcke, dann auf einen Baum an der Felswand, ein andermal sogar auf das Dach eines Heustadels oder einer Sennhütte. Die Riesen für Stämme müssen noch viel sorgfältiger alle stärkeren Biegungen vermeiden, da sonst die langen Hölzer stecken bleiben oder herausspringen. Wird das Gefälle zu stark, so bringt man einen sogenannten Wolf über der Riese an, d. h. man befestigt ein paar Stämme in der Weise über derselben, daß sie auf den darunter wegschießenden Stämmen schleifen und sie hemmen.

Das Abschießen der Stämme geschieht gewöhnlich bei Frost. Durch eingeleitetes Wasser wird eine Eisriese hergestellt. Nicht selten verunglücken durch die Gewalt der Stämme Menschen dabei oder erfrieren bei starker Kälte die Glieder.

In den Alpen gibt es schroffe Bergstöcke, mit Wald bestanden, an denen die Holzfäller fast eben solche Kletterkünste entwickeln müssen wie die Gemsjäger und Wurzelgräber. Die tosenden größeren Bergbäche transportieren dann die Stämme weiter. Wo sich letztere zwischen den Felsblöcken des Grundes aufstauen, müssen die Holzflößer nachhelfen. Können sie nicht vom Ufer aus mit langen Haken die Stämme in Bewegung bringen, so bleibt ihnen manchmal nichts weiter übrig, als auf dieselben hinüber zu springen und hier mit Beil und Haken nachzuhelfen. Kaum haben sie aber den widerspenstigen Block gelüftet, so kracht und schwankt der ganze Haufen, der sich aufgebaut hat. Jetzt gilt es, mit der Gewandtheit einer Katze von einem schwankenden Stamme zum andern und zum Ufer zu springen, denn im nächsten Augenblick hebt die Flut schäumend den ganzen Verhau, und er stürzt donnernd durch die Klamm (Felskluft) weiter. Mancher Flößer ward dabei schon von den Wellen verschlungen und an den Klippen zerschmettert.

Bilden sich solche Stauungen der Floßstämme in engen Klüften, so bleibt den Floßknechten nichts andres übrig, als sich an einem Seile, gleich einer Spinne am Faden, von oben herabzulassen und den Hölzern Luft zu verschaffen. Herabstürzende Steine haben bei solchen Gelegenheiten schon mehr als einen der Leute erschlagen.

Der Holzhauer und Holzflößer der Alpen führt ein gar mühseliges Leben — er kämpft einen gefährlichen Kampf mit den Wassern, Felsen und Hölzern, und selten erreicht einer von ihnen ein hohes Alter mit unverletzten Gliedmaßen.

15.

Der Fernstein.

Hermann an seinen Bruder Karl.

Lieber Karl!

Wir sind heute über den Fernpaß gegangen, von Lermoos nach Nassereit und Imst. Der Fernpaß ist eine schöne Poststraße. Von der Höhe des Passes nach Nassereit führen zwei Wege: ein alter und ein neuer. Der alte ist an vielen Stellen so schmal, daß eben nur ein Wagen fahren kann. An einer Seite des Weges steigt der Felsen ganz steil hoch hinauf, an der andern geht es tief hinab. An der schmalsten und engsten Stelle ist ein festes Gebäude, der Fernstein, und neben demselben am Berge hinauf sind Schanzenmauern. Dies war früher eine kleine Festung. Hier mußten auch die Fuhrleute Zoll bezahlen, von welchem die Straße im Stande gehalten werden konnte, und hier stellten sich die Soldaten auf, wenn der Feind ins Land kommen wollte.

Der Vater erzählte mir, daß vor langen Jahren hier die Truppen des Schmalkaldischen Bundes unter Herzog Moritz von Sachsen anmarschiert gekommen seien, um in Tirol einzudringen. Die Tiroler hatten aber in dem Schanzwerk am Fernstein ihre Schützen aufgestellt. Die schmale Straße geht durch das Haus hindurch. Die Schützen stande an den Schießlöchern des Hauses und auf der Schanzenmauer. Es waren ihrer nur wenige. Dem Feind halfen aber seine vielen Soldaten nichts. Sowie sie sich sehen ließen, wurden sie von den Tirolern weggeschossen. Die kleine Anzahl Schützen in Fernstein hielt das ganze feindliche Heer 36 Stunden lang auf und tötete viele Leute.

Im Tale unter dem Fernstein fließt der Klausenbach herab, daneben sind zwei allerliebste Seen, ein kleinerer und ein größerer. Zwischen beiden befindet sich nur ein schmaler Streifen Land. In dem größeren See ist ein Hügel, und auf demselben befindet sich eine Burgruine, die, Sigmundsburg. Vor alten Zeiten, etwa vor 400 Jahren, hatte sich hier Erzherzog Sigmund ein schönes Lustschloß gebaut mit niedlichen Türmen an den Ecken. Später ist es aber lange nicht bewohnt und nicht ausgebessert worden und deshalb völlig zerfallen. Anfänglich soll jene Burg auch zur Verteidigung des Fernpasses gedient haben.

Ich habe heute immer gewünscht, daß Du bei uns sein möchtest, damit Du einen solchen Engpaß mit ansehen könntest. Das muß für die Ritter und Soldaten gar zu schön hier gewesen sein. Beinahe jeder Berg ist wie eine Festung. Auf manchen sind auch jetzt noch Ruinen von Burgen zu finden. Es sollen früher Raubritter auf ihnen gewohnt haben. Von dort sind sie dann heruntergekommen und haben vorbeiziehende Kaufleute ausgeplündert.

Von Andreas Hofer und Speckbacher und den andern Tirolern hast Du ja auch schon gelesen, wie diese im Kriege den Franzosen und Bayern in den engen Tälern auflauerten. Die Tiroler hatten sich hinter den Felsen oben versteckt. Kam nun in der engen Schlucht der Feind herangezogen, so knallten mit einem Male aus allen Winkeln

Büchsenschüsse hervor. Die **feindlichen** Offiziere stürzten gewöhnlich zuerst, und die gemeinen Soldaten wußten dann nicht, was sie tun sollten. Dann polterten von oben Steine und Baumstämme herab, und die Soldaten der Feinde wurden zerschmettert oder mußten fliehen. Verteidigen konnten sie sich manchmal gar nicht, sie sahen oft ihre Angreifer nicht einmal. Die Kanonen konnten sie hier nicht gut gebrauchen und die Reiterei vollends gar nicht.

Es sind in den Alpen mehrere solcher Engpässe und fast alle sind durch Gefechte berühmt geworden, die daselbst gekämpft worden sind. Manche sind auch noch jetzt durch tüchtige Festungswerke verteidigt.

Bei Nassereit ist auch ein Bleibergwerk, wir haben es aber nicht besucht, sondern sind bis Imst gegangen. Hier ist das Tal des Inns hübsch breit und freundlich. Morgen wollen wir weiter nach dem Ötztale gehen und in diesem hinauf bis zum Hochjoch und dann nach Meran. Du wirst in den nächsten Tagen wahrscheinlich keinen Brief von mir erhalten, da unterwegs im oberen Ötztale keine Postämter sind, sondern nur Weiler, die aus einigen wenigen Häusern bestehen. Von Meran aus wirst Du aber dann eine ganze Anzahl Briefe mit einem Male erhalten.

Wir sehen von hier aus drüben auf der rechten Seite des Inns schon die ersten Berge, die zu der großen Ötztaler Gebirgsgruppe gehören. Es führen mehrere Täler in dieses Gebirge hinein: das Kauner Tal, das Piztal und das Ötztal; das letztere ist das größte. Es ist vierzehn Stunden lang.

Nach vier oder fünf Tagen wirst Du wieder Briefe erhalten von

Deinem

Bruder Hermann.

16.

Felsenblumen.

Der kahle Felsen ist dürr. Hier brennt die Sonne. Netzt ihn der Tau und der Regen, so rinnen die Tropfen rasch hinab, und der Wind macht ihn bald wieder trocken. Und doch wachsen auch Blumen auf dem dürren Stein und verwandeln ihn in ein Gärtchen.

Die meisten jener Felsblumen haben ein sonderbares Ansehen.

Da steht zunächst die Hauswurz gleich einem Häufchen aufgesprungener Zwiebeln oder fast wie eine Kaktusfamilie. Ihre Stämmchen sind kaum ein halbes Fingerglied lang, dicht mit dicken, fleischigen Blättchen besetzt, die wie Schuppen aussehen. Von der Spitze der Blätter ziehen sich feine weiße Fäden nach allen benachbarten Blättern hin, und es sieht täuschend aus, als wäre das Gewächs von dichtem Spinngewebe überzogen. Besonders erscheinen die jungen Pflanzen ganz weißgrau.

Jedes Blatt der Hauswurz ist ein Vorratsmagazin für die Pflanze. Es ist dick und von Saft erfüllt. Ringsum schützt es eine zähe feste Haut vor dem Verdunsten. Sobald der tauende Schnee oder Regen den Felsen benetzt, saugen die Wurzeln rasch Wasservorräte ein und führen sie den Blättern zu. Die jungen Blätter dehnen sich aus, werden groß und dick. Aus den Winkeln der unteren Blätter sprossen neue Zweiglein hervor und umgeben sich sofort mit Blattrosetten, die wie kleine Kügelchen die alte Pflanze umlagern. Nach ein paar Jahren sterben auch gelegentlich die verbindenden Zweige ab, die Kugelknospen rollen vom Felsen hinab auf tieferliegendes Gestein, oder sie werden vom Sturm dorthin geführt. Dort schlagen sie Wurzeln und siedeln eine neue Kolonie Hauswurz an.

Hat die Hauswurz einige Jahre lang ihre Blattsparkästchen gehörig gefüllt, „viel eingelegt, wenig ausgegeben", wie's auf den blechernen Sparbüchsen der Kinder geschrieben steht — so macht sie zuletzt einmal großes Fest und Hochzeit. Im Schutz der Blätter legt sie die Knospe zum Blütenstengel an. Kommt nun die warme Sommersonne, so treibt der Blumenschaft rasch empor, etwa einen Finger bis eine Spanne lang. Der Blütenstengel ist mit kleinen, zarten Blattschuppen besetzt. Mitunter teilt er sich oben in einige Zweige. Er trägt Blumen so groß wie ein Zehnpfennigstück. Diese sehen manchmal nur grüngelblich aus, häufig aber auch schön rot, und strahlen mit ihren zahlreichen Blumenblättern wie kleine rote Sonnen von den dürren Felsgesimsen herab. Der Wanderer wundert sich, wie auf dem nackten Gestein so schöne Blumen gedeihen können — sie haben gespart, als es an der Zeit war, nun kommt es ihnen zu statten.

Die Hauswurz mit ihren verschiedenen Arten ist nicht die einzige Blume, welche es versteht, auf den unfruchtbaren Felsen fast von der Luft zu leben. Es gesellen sich noch eine ganze Anzahl andrer zu ihr, von denen mehrere einen ganz verwandten Bau und ähnliche Lebensweise haben, obschon die Pflanzenkundigen sie zu andern Geschlechtern der Gewächse rechnen. Zahlreiche Arten der Gattung Steinbrech gehören hierher. Man gab diesen Blumen ehedem den Namen Steinbrech, weil man sah, daß ihre Wurzeln in die Spalten des festen Gesteins eindrangen. Sie schienen den Stein zu zerbrechen. Man glaubte deshalb, sie müßten Säfte besitzen, die auch gegen die Steinkrankheit des Menschen gute Dienste leisten würden. Deshalb verordnete sie der Arzt früher den Kranken, und der Kräutermann sammelte sie auf den Alpen.

In ähnlicher Weise meinte man auch, die Hauswurz müsse ein gutes Mittel gegen den Blitz sein, da sie so reich an Saft ist und deshalb nicht brennt. Ebenso scheut sie sich nicht, auf Felsenspitzen zu wachsen, in welche doch sonst der Blitz gern einschlägt. Man pflanzte sie deshalb auf die Dachfirsten, um den Blitz abzuwehren, und nannte sie wegen ihrer Fasernhaare auch Donnerbart.

Von den Steinbrecharten hat der traubige Steinbrech mit

seinen Rosetten aus dicken fleischigen Blättern sehr viel Ähnlichkeit mit der Hauswurz, nur sind seine Blütenschäfte dünner und schlanker, die Blüten zahlreicher, viel kleiner, von gelblichgrüner Farbe und haben nur fünf Blumenblättchen. Sehr interessant sehen die Blätter aus, wenn man sie durch ein Vergrößerungsglas besieht. An ihrem ganzen Rande herum befinden sich Drüsengrübchen, und in jeder ist ein schneeweißes Kalksplitterchen ausgeschieden, fast wie ein Zähnchen. So hat das Pflänzchen sich einen Schmuck aus Stein zugelegt, eine Art und Weise, die bei den Gewächsen nicht oft vorkommt. Dieser Steinbrech liebt vorzugsweise Kalkfelsen und saugt Kalkteilchen, die im Wasser aufgelöst sind, durch die Wurzeln mit auf. Sobald der kalkhaltige Saft dann durch die Drüsen langsam wieder verdunstet, bleiben die Kalkteilchen als weiße Einfaßverzierung zurück. Der graugrüne Steinbrech, der rauhe, der moosartige, der gegenblätterige Steinbrech und noch mehrere andre Arten siedeln sich an ähnlichen Stellen an. Die meisten blühen weiß, der gegenblätterige purpurrot, der immergrüne goldgelb. Alle haben dickfleischige Blätter und bilden festgeschlossene Polster, treiben ringsum jährlich neue Sprossen und vermögen sich durch diese zu erhalten, selbst wenn mehrere Jahre hindurch ihre Blüten es nicht bis zur Samenreife bringen können, weil sie vielleicht von frühzeitigem Frost getötet werden. Bei allen erscheinen die Blätter saftig und dickfleischig. Ihnen ganz ähnlich sind auch mehrere Mauerpfefferarten, nahe Verwandte der Hauswurz. So wächst an den Klippen der Alpen häufig der weißblühende Mauerpfeffer, dann der kriechende mit gelben Blumen und eine Art mit düsterrötlichen Blüten und dicken, grauweißlichen Blättchen, die aussehen, als wären sie mit Reif überzogen.

Spinngeweb-Hauswurz. (Natürliche Gr.)

Auf gleichen Felskanten der höheren Berge sproßt auch das berühmte Edelweiß (S. 62), ein naher Verwandter unsres zierlichen Katzenpfötchens und der Immortellen. Bei ihm sind die Blätter nicht fleischig, sondern in einen weichen Pelz aus dichten weißen Haaren eingehüllt, und die Hüllblätter des Blütenkopfes sehen so wunderbar weich und zart aus, als wären sie aus Holundermark oder weißem Samt gearbeitet. Das Blümchen erhält durch dieses Haarkleid ein ganz fremdartiges und zartes Ansehen, wie eine Märchenfee in ein Hermelinpelzchen gewickelt. Dazu kommt, daß es gepflückt, wie alle Immortellen, sein hübsches Ansehen jahrelang unverändert behält. Der Alpenbewohner liebt deshalb

1. 2. 3. Steinbrecharten: 4. 5.

1. Mannsschildähnlicher; 2. gegenblätteriger; 3. hechtgrauer; 4. traubiger; 5. moosartiger. (Natürl. Gr.)

sein Edelweiß ebenso sehr, wie wir unser Vergißmeinnicht: es ist ihm ein Sinnbild unvergänglicher Treue.

In seiner Gesellschaft kommen auch mehrere verwandte Wermut-Beifußarten, die Edelraute und zierliche Schafgarben vor, die auch über und über mit einem filzigen Haarkleide bedeckt sind, das Blättern und Stengeln ein silberweißes Ansehen verleiht. Sie schützen sich durch ihre Filzdecken und Pelzröckchen, wie sich die dickblätterigen Felsenpflanzen durch ihre Saftvorräte gegen die Übelstände verwahren, welche ihr Standort und die Witterung der Alpen mit sich bringen.

17.

Alpenschmetterlinge.

Hermann an seinen Bruder Albert.

Lieber Albert!

In dem Pakete, welches wir Euch anbei einsenden, liegen auch einige zusammengefaltete Seidenpapierchen, die in ein stärkeres Papier eingeschlagen sind. Du kannst sie herausnehmen und vorsichtig aufmachen. Gucke hinein, was darin ist. Du wirst mehrere Schmetterlinge finden, die ich auf den Alpen gefangen habe.

Du siehst daraus, daß es auf den Hochgebirgen auch Schmetterlinge gibt, und zwar manche ganz andre Arten als zu Hause. Ein Mars, ein Schwalbenschwanz und ein gemeiner Perlmutterfalter sind zwar auch dabei, außerdem aber noch mehrere blaue und grüne Täubchen und Perlmutterfalter, die nur in den Alpen vorkommen, weil die Pflanzen, von denen ihre Raupen leben, nur hier wachsen. So habe ich auch einige Arten Grasfalter (Hipparchien) mit gefangen und beigelegt, die echte Alpenschmetterlinge sind. Ein Taubenschwänzchen hätte ich beinahe gefangen. Es schwirrte über Blumen an einem steilen Bergabhange, allein die Steine glitten mir unter den Füßen weg, und es flog davon.

Überhaupt fängt es sich hier nicht so leicht Schmetterlinge wie daheim, besonders wenn man kein Netz mit hat und nur die Hand oder den Hut benutzen kann. Das Schlimmste dabei ist der Weg. Man geht oft auf einem ganz schmalen Fußpfad. An der einen Seite ist ein Abgrund, tief unten braust ein wilder Bergbach. Wer da hinunter fällt, ist verloren! An der andern Seite ist zwar eine Alpenmatte voll der schönsten Blumen: prächtige Bergastern, Silberwurz, Enzian, Nigritellen u. a., auf denen Schmetterlinge hin und her flattern: Dukatenvögelchen, Ochsenaugen, Berghasen usw. Aber es ist mitunter lebensgefährlich, auch nur einen Schritt aus dem Wege zu gehen. Stolpern und Fallen darf vollends gar nicht vorkommen. Den Schmetterlingen nachzulaufen, wenn sie nicht still halten wollen, ist unmöglich. Die Bergabhänge sind oft so steil und mit kleinem Steingeröll bedeckt, daß ohne Steigeisen keiner hinaufkommen kann und auch dann nur langsam. Ein andermal sind sie mit so glattem Rasen überzogen, daß man darauf ebenso hinabrutscht, wie auf einer Schlittenbahn. Die Alpenbewohner grüßen sich in manchen Alpentälern beim Begegnen deshalb auch mit „Geh langsam!" oder „Zeit lassen!" statt daß wir „Guten Tag!" sagen.

Der Apollo. (Natürliche Größe.)

Ich habe deshalb verhältnismäßig auch nur wenige Schmetterlinge gefangen, trotzdem daß manchmal viele dicht bei mir waren.

Am meisten habe ich mich aber über den Apollo gefreut, von dem ich früher schon erzählen gehört hatte. Du wirst ihn leicht erkennen; es ist der große, weiße Schmetterling mit den hübschen, roten Augenpunkten auf den Flügeln. Er fängt sich prächtig. Ich habe mehrere nur zum Vergnügen gefangen und sie wieder fliegen lassen. Er flattert langsam hin und her und sitzt zuletzt träge auf den Blumen still, so daß man ihn leicht mit der Hand fassen kann.

Seine Raupe soll samtschwarz aussehen, dabei orangegelb und bläulich getüpfelt. Sie frißt Hauswurz und dickblätterigen Steinbrech und Mauerpfefferarten, wie sie hier an den Felsen öfter stehen. Ich habe zwar mehrere Sorten Schmetterlingsraupen hier sitzen sehen, aber keine davon mitgenommen, da wir zu Hause ja doch kein Futter für sie finden.

Käfer liegen nur einige in Papierchen im Paket. Ich hörte mit Sammeln auf, da das Spiritusglas durch Unvorsichtigkeit des Trägers zerbrochen worden war. Es gibt hier auch einige Raubkäfer, besonders Laufkäfer, die neben den Gletscherbächen sich aufhalten und bis dicht an den ewigen Schnee hinauf ihr Wesen treiben. Blattkäfer, Knospenkäfer und Rüsselkäfer habe ich eine ganze Anzahl hübscher Arten von Lärchen, Arven und Weiden abgeklopft, mancherlei andre auch von den blühenden Blumen. Den Raubkäfer fand ich unter einem Steine versteckt. Spinnen liefen auch oft am Wege herum, allein Du weißt, daß ich sie nicht leiden mag, deshalb habe ich keine gefangen. Von den Schnecken habe ich dagegen einige Schließmundschnecken mit beigelegt, die wir an einem Kalkberge unter einem Flechtenlager fanden. Auf denjenigen Alpenzügen, in denen kein Kalkstein ist, fehlen auch die Schnecken fast gänzlich. Es sollen zwar dort auch ein paar seltene Arten vorkommen, und zwei davon bis nahe an die Gletscher hinaufgehen, aber ihr Gehäuse enthält keinen Kalk und soll so weich sein, daß man mit dem Fingernagel hineindrücken kann.

Lege die Käfer und Schmetterlinge sorgsam in meinen Kasten, damit sie unverletzt bleiben. Wenn ich nach Hause komme, stecke ich sie auf Nadeln und stelle sie auf einem Teller mit nassem Sand unter eine Glasglocke. Sie werden dann über Nacht so weich, daß man sie gut aufspannen kann. Verwahre sie also bis dahin gut für Dich und für

Deinen

Hermann.

Edelweiß. (Halbe Größe, s. S. 58.)

18.

Der Schnee im Hochgebirge.

(Lawinen.)

Der Schnee ist ein herrliches Ding für die Kinder! Wie lustig tanzen die Flöckchen, wenn's schneit; wie ziehen sie hinab und wieder ein Stückchen hinauf, drehen sich ringsum und machen allerlei drollige Manöver, ehe sie zu Boden sinken! Welche wunderhübsche Sternchen zeigen sie; schöner und zierlicher, als man sie zeichnen kann. Und dann, wenn es geschneit hat, wenn alle Getreidepflänzchen auf dem Felde mit der warmen Winterdecke eingehüllt sind und auf der zerfahrenen, gefrorenen Straße alle Holpern und Gleise geebnet — wie prächtig gleitet dann der Schlitten darüber hin, daß es eine Lust ist. Was geht ferner über ein tüchtiges Schneeballwerfen mit hohen Schneeschanzen und mit Schneemännern, die mit dem Besenstiel im Arme Schildwach' stehen!

Aber es darf des Guten nimmer zu viel sein, auch nicht vom Schnee, und dies ist im Gebirge leider jeden Winter der Fall. Wenn bei uns im Tieflande der Winter den Schnee händevoll um sich wirft, schüttet er ihn im Hochgebirge wagenweise aus. Er fällt dort 3, 6, ja 10 m hoch. Die leere Sennhütte auf der Alm wird gänzlich überschneit. Wer sie aufsuchen wollte, müßte durch den Schnee ein Loch hinunter graben, dann käme er allmählich aufs Dach. An den Wohnhäusern liegt der Schnee nicht selten bis zum Dache hinauf. Man muß durch die Bodentür hinaussteigen, die für solche Fälle auch eine besondere Treppe nach außen hat.

An der steilen Berglehne baut sich der Schnee als eine neue Gebirgslage auf, die stundenlang und meilenbreit ist. Selbst an den senkrechten und überhängenden Felsen heftet sich feuchter Schnee an, friert fest und bildet Schneeschirme 20—30 m hoch, mehrere Meter breit und dick. Wege und Stege verschneien. Tagelang kann niemand zum Nachbar gelangen. An den Hauptstraßen sind Schneestangen von 6—10 m errichtet, um den Pfad danach zu finden. Mitunter verschneien auch diese. Scharen von Menschen werden aufgeboten, um mit Ochsengespannen und Schlitten, Schneeschaufeln und Haken Bahn für die Postwagen zu brechen. Und doch bleiben die Posten mitunter tagelang liegen. Einzelnen Wanderern droht sicherer Tod. Wer hat Kraft genug, stundenlang durch haushohen, lockeren Schnee zu waten, vollends wenn bitterkalter Sturm dazu heult!

Im Frühjahre, mitunter auch mitten im Winter, weht von Italien und Afrika herüber der warme Föhnwind, derselbe, den wir im Tiefland als Tauwind begrüßen. Dann überfällt bange Furcht die Bewohner der Alpentäler. Die S c h n e e s c h i r m e lösen sich von den Felsen und donnern zu Tal. Was sie drunten treffen, wird verschüttet. Roß und Reiter, Schlitten und Leute reißen sie mit in die Tiefe oder begraben sie.

Die weiten, dicken Schneelagen steiler Gehänge kommen ins Gleiten. Sie rutschen erst langsam, dann immer schneller an den Bergseiten hinab, stauen sich in den kleinen Talmulden, welche die Bergseite querüber durchfurchen, übersteigen sie und bäumen sich als riesiger Schneewall empor, um den rasenden Lauf jenseits weiter fortzusetzen. Es sind die furchtbaren Grundlawinen (Lawine, Lauine, wahrscheinlich von Lahne, steile Berglehne), deren Macht nichts widersteht. Glücklicherweise nehmen sie ziemlich jedes Jahr denselben Verlauf. Der Alpenbewohner meidet zu jener Zeit die Stellen, an denen sie zu stürzen pflegen. Mitunter sucht der Älpler sein Häuschen auch wohl durch einen hohen Steinwall gegen unvermutete kleinere Lawinen etwas zu schirmen, und die Hauptstraße schützt man stellenweise durch übergebaute bedeckte Gänge (Galerien).

Steht der Wanderer weit entfernt von der stürzenden Lawine, so sieht er den Schneestreifen an der Bergwand scheinbar allmählich herabgleiten, hier und da aufsprühen und sich zum Tale hinabschieben, ähnlich wie beim Tauwetter am steilen Schieferdach eine Schneeschicht hinabrutscht. Er hört einen dumpfen Donner, wie von einem fernen, starken Gewitter. Aber in der Nähe zeigt sich die Lawine viel furchtbarer. Was von ferne allmähliches Gleiten schien, ist in der Nähe rasende Schnelligkeit. Der Weg an der Bergwand, der von weitem nur spannenlang aussah, mißt in der Nähe nach Stunden. Manches Haus ist schon samt seinen Bewohnern durch die Lawine begraben worden. Mitunter hat man erst nach Wochen die Gebeine der Unglücklichen zu Tage gefördert, die dort ihren Tod fanden.

Lawinensturz.

Oft triffst du Gedenktafeln am Wege, welche von Unglücksfällen, mitunter auch von wunderbaren Rettungen erzählen, die bei Lawinen vorkamen.

Selbst der Luftdruck, den die stürzende Schneemasse veranlaßt, wird zum Sturmwind, der Hütten hinwegbläst und alte Bäume entwurzelt durch die Luft schleudert, als seien es Wollenflöckchen.

Mitten im Sommer trifft der Wanderer nicht selten in den Talengen noch mächtige Schneelager als Reste gefallener Lawinen. Die Gießbäche haben sich ihr Bett unten hindurch gefressen. Der Schnee ist eisig hart geworden und kann als Brücke dienen. Man könnte mit einem Wagen darüber fahren.

Mit Schneeschirmfällen und Grundlawinen ist es leider noch nicht genug, die Alpen haben auch Staublawinen. Weiß der Alpenbewohner bei jenen ersteren wenigstens ungefähr die Stellen, an denen sie zu stürzen pflegen, so regieren die Staublawinen ganz willkürlich. Der Sturm rast auf den meilenlangen Firnfeldern der Hochalpen mit fürchterlicher Gewalt, heult wie ein Heer wilder Tiere zwischen Felsen und Geklüft, brüllt wie eine Schar böser Geister in den Schluchten und rafft in schrankenloser Wut Tausende von Kubikklaftern losen Schnee auf: feine, staubähnliche Eiskristalle. Er wirbelt den Staubschnee zu riesigen Wolken zusammen und schleudert ihn regellos in die Täler, je nachdem einmal hier, ein andermal dort die Gewalt seines Wirbels etwas nachläßt.

Anderseits können Verschüttete aus der Staublawine verhältnismäßig leichter ausgegraben und gerettet werden. Der nasse Schnee der Grundlawinen dagegen erdrückt und erstickt sie.

Kommst du bei deiner Alpenwanderung in Täler, die von Lawinen heimgesucht sind, so merkst du, warum die Älpler grüßen: „Behüt' dich Gott!" — Dort kann nur der behüten und schirmen, nach dessen Willen die Sturmwinde wehen und die Lawinen ihre Wege einschlagen!

Murmeltier.

19.

Vom Murmeltier.

Hermann an seinen Bruder Karl.

Lieber Karl!

Einen Hauptspaß hatten wir gestern mit einem Murmeltier, das hättest Du sehen sollen. Ein solches Murmeltier ist noch viel hübscher als Deine Meerschweinchen und Kaninchen, selbst netter als das silbergraue mit dem weißen Bleßchen, das sich immer putzt.

Wir wollten Edelweiß holen, nämlich ich, der Vater und unser Führer, der Joseph hieß; hier heißen alle Männer entweder Sepp oder Hans, d. h. Joseph oder Johannes. Den ganzen Tag waren wir schon bergauf gestiegen, und es war schon Mittag vorüber, da kletterten wir in einem schmalen Tale steil hinauf. Ringsum ragten hohe Felsen: unten standen Blumen und Gras. Ich war ein kleines Stückchen voraus, da der Vater nach Blumen suchte. Mit einem Male fing etwas laut an zu pfeifen: „Tiet, tiet, tiet, tiet, tiet!" fast so wie ein Meerschweinchen schreit, wenn es sich fürchtet. Ich erschrak beinahe, denn ich dachte zuerst, es sei ein Raubvogel. Die Falken schreien manchmal auch so ähnlich. Ich stehe also still und sehe den Führer an, der lacht und sagt: „Das sind Mormoten (Murmeltiere), junger Herr: die wohnen dort in den Felsen!" Ich bitte ihn, daß er mir die Murmeltiere zeigen soll, da lacht er wieder und meint: „Sehen kann man's nicht so leicht, bloß pfeifen hören kann man's! Sie sind gar sehr scheu, und eins hält immer Wache; wenn's jemand kommen hört oder den Geier merkt, dann pfeift's und alle fahren ins Loch. Aber ich hab' eins daheim, das ich voriges Jahr hier gefangen hab', das will ich dem jungen Herrn zeigen, wenn wir nach Hause kommen. Es ist ganz zahm und kann auch schön tanzen!"

So zeigte mir der Führer denn drunten unter den Steinen die Löcher, die tief in den Berg hineingehen. Man konnte kaum mit der Hand durch. Ich habe zwar mit dem Stock hineingestochen, allein die Röhre war krumm, da kam ich nicht weit.

Innen haben die Murmeltiere eine Kammer, und von dieser führen mehrere Gänge hinaus. Die Murmeltiere können kratzen und wühlen wie die Kaninchen. An den Vorderbeinen haben sie starke Nägel. Ihre Vorderzähne sind groß, aber gelb. Sie haben keine Zahnbürste und kein Zahnpulver. Der Schwanz ist länger als bei den Kaninchen, und die langen Haare daran sehen fast aus wie ein Schweif.

Im Winter liegt hier an den Bergen der Schnee so hoch wie ein Haus. Wenn's kalt wird, tragen die Murmeltiere Grashalme und welke Blätter zusammen in ihre Höhle. Sie machen es dabei wie der Hamster und stopfen das Maul voll. Haben sie die Schlafkammer dicht ausgefüttert, so kriechen sie alle zusammen, manchmal ein Dutzend oder eine Mandel, alle in dasselbe Winterquartier. Dies legen sie gewöhnlich in einem Tale etwas weiter unten im Gebirge an und machen auch nur einen einzigen Gang dazu. Die Röhre soll aber mitunter zwei bis drei Manneslängen weit in den Berg hineingehen. Sind alle darin, so verschanzen sie sich in ihrer Festung und stopfen den Gang mit Erde, Steinchen und Heu zu. Dann kugeln sie sich zusammen und schlafen. Denke Dir, wie es ein solches Murmeltier gut hat: von Michaeli an kann es ununterbrochen fortschlafen bis nach Ostern, bis unser Examen vorbei ist. Während der Zeit frißt es gar nichts. Es soll auch nur sehr wenig Atem holen und sein Puls fast stillstehen. Es soll währenddem auch fast gar nichts fühlen. Erst wenn im April der Schnee wieder wegtaut, wacht die Gesellschaft auf und wird allmählich lebendig. Sie scharren dann das Heu auf die Seite und gucken vorsichtig heraus. Sowie es warm wird, marschieren sie wieder höher am Berge hinauf nach ihrem Sommerlogis.

Mitunter geht's den Murmeltieren freilich auch recht übel. Es kommt manchmal vor, daß der Schnee in einem der hohen Täler während eines Sommers gar nicht wegtaut, oder daß ein Gletscher, der in der Nähe ist, weiter vorrückt und die Murmeltierhöhlen mit verdeckt. Dann schlafen die armen Tiere so lange fort, bis sie tot sind.

Von den Jägern werden sie mitunter aus ihren Höhlen herausgezogen; sie nehmen lange, biegsame Stöcke dazu und machen vorn Eisenhaken daran. Das Fleisch soll ganz gut schmecken, wenn es gekocht oder gebraten ist.

Wir sind länger als eine Stunde droben in dem Murmeltiertale geblieben, haben dort Edelweiß gepflückt, und der Vater hat auch noch andre Pflanzen gefunden. Die Murmeltiere haben öfters gepfiffen, aber es hat sich kein einziges sehen lassen, so sehr ich auch aufpaßte. Ich glaube, sie haben bloß die Nase aus dem Loch herausgesteckt.

Am Abend war ich zu müde, aber am andern Morgen zeigte mir der Sepp sein Murmeltier. Es sah fast aus wie ein Hamster, grau, braun und weiß, unten an der Kehle und Brust war's etwas dunkler als oben. Es war ganz zahm und fraß mir einen Nußkern aus der Hand. Der Mann füttert es mit Blättern und Wurzeln. Es säuft Milch und leckt die Butter vom Brote. Das Brot frißt es aber auch. Es nahm das Stückchen zwischen die Vorderpfoten, setzte sich gerade in die Höhe und fraß so possierlich wie ein Eichhörnchen. Joseph sagt, es möge auch Braten; es bekommt aber keinen. Er hatte es abgerichtet, daß es Männchen machte und tanzte. Dann setzte er ihm einen papiernen Federhut auf und ließ es mit einem Stock Schildwache stehen. Dann wieder steckte er es hinter einen Schrank, der neben der Wand stand; da kletterte es flink in die Höhe und guckte von oben lustig herunter. Er meinte, es tauge sehr gut zu einem Schornsteinfeger, es könne sogar auf Bäume hinaufsteigen.

Ich hätte Dir das Murmeltier gern mitgebracht, aber auf die Reise konnten wir's doch nicht mitnehmen. Wir haben noch viele Tage zu wandern. Der Vater meinte, es würde unterwegs umkommen. Zudem war es auch teuer; es sollte mehrere Taler kosten. Ich wünschte aber doch, daß Du eines hättest, denn es ist gar zu possierlich: darum hat Dir wenigstens ein Murmeltier mit in den Brief gemalt

Dein

Hermann.

Arvenwald.

20.

Im Bannwald.

An die steile Bergwand klammert sich ein dunkler Waldfleck. Das Wäldchen ist dem Talbewohner ein Heiligtum. Mehr als stundenweit holt er seinen Holzbedarf mühsam auf dem Schlitten herzu, oder trägt ihn auf dem Rücken nach seiner Hütte. An jenes Wäldchen legt er aber keine Axt, dort wird kein Baum vom vernichtenden Eisen bedroht. Es ist ein Bannwald.

Ein ganz schmaler Fußpfad führt uns nach jenem Wäldchen. Wir scheuchen hier einige Ziegen auf, die vom nahrhaften Alpenwegerich naschten. Ein schmales, halbverrottetes Brett dient als Steg über den Gießbach, der vom Berge in zahllosen Wasserfällen herabstürzt, ein Abfluß des ewigen Schnees hoch droben.

Jetzt sind wir im Walde. Hier lustwandelt sich's nicht so bequem wie im Forste des Tieflandes. Hier ist ein höchst mühsames Klettern. Selbst der Alpstock reicht nicht immer aus. Die Hände müssen den Beinen zu Hilfe kommen, und die verschiedensten Künste finden hier praktische Anwendung.

Wir sind ermüdet von der ungewohnten Anstrengung und setzen uns auf eine knorrige Wurzel am Fuße eines Strunkes, um etwas auszuruhen. Des Baumes Zweige reichen fast bis zum Boden herab. Die Rast gibt uns Veranlassung, den Baum ein wenig näher zu beschauen, der uns in seinen Schutz aufnahm. Der Wuchs und die langen Nadeln erinnern uns auffallend an die Kiefer, allein die Nadeln sind glänzend frischgrün und stehen zu fünf bei einander, während sie bei der Kiefer nur zu zwei gepaart sind. Es ist eine Arve oder Zirbel. Hier finden wir auch reife Zapfen. Sie sind mehr als fingerlang, drei Finger breit und eilänglich von Form. Es stecken noch einige Samenkörnchen zwischen den klaffenden, abgerundeten Schuppen. Sie ähneln den Kernen der Sonnenrosen, nur ist ihre Farbe braun, und an der Seite siehst du einen schmalen Hautrand. Koste den Kern, er schmeckt angenehm nußartig. Lustige Meisen und Kreuzschnäbel finden hier offene Tafel und leckeren Schmaus.

Auch das Holz der Arve ist vom Holzschnitzer gesucht und geschätzt, aber, wie gesagt, in diesem Walde hier mag der Baum ruhig grünen, solange Lebenskraft in ihm ist. Nur wenn er etwa vom Alter gebrochen in sich zusammenstürzt, nimmt ihn der Holzhauer hinweg, um frischem Nachwuchse Luft zu verschaffen.

Wir steigen noch höher hinauf. Wir wollen sehen, was hinter dem Walde ist; ein Blick dorthin wird uns die Bedeutung des letzteren erklären.

Zweigstück der Arve.

Die Bäume hören endlich auf, und dichtes Gestrüpp folgt. Es ist eine heillose Arbeit, hier durchzukommen. Das Knieholz legt seine breiten Astbüschel über Felsblöcke. Es erscheint uns wie verkrüppelte Kiefer, hat dieselben Doppelnadeln und dieselben kugeligkleinen, kegelförmig gespitzten Fruchtzapfen, nur ist alles gedrungener im Wuchs, der Stamm an den Boden gelegt und nicht selten schlangenartig gewunden. Zwischen die Knieholzgestrüppe flechten sich Zwergwacholder und Sadebusch. Stellenweise wechseln damit Alpenrosen, Bergerlen, Weiden, Stecheichen, Sumpfheidelbeeren und Rauschbeeren. Sie alle überspinnen wie eine Filzdecke aus verworrenem Drahtgeflecht die steile Halde. Der Boden ist mit dichtem Moospolster überdeckt. Du siehst nicht, wo du hintrittst. Die Lücken zwischen den Gesteinen sind mit Moos überzogen. Nimm dich in acht, daß du den Fuß nicht hineinklemmst. Die Steine liegen von allen Größen übereinander. Ein Felsblock, so groß wie ein mäßiges Haus, versperrt hier das Weiterklimmen; halte dich rechts herum, ich will es linkshin versuchen. Keiner kann dem andern hier beistehen; jeder muß selber sehen, wie er weiter kommt.

Endlich erreichen wir die Höhe des nächsten Felsgesimschens, das ringsum mit duftenden Primeln gepolstert ist. Flühblümli nennt sie der Alpenbewohner, drüsiges Primel der Botaniker (Primula viscosa). Das Kraut hat einen lieblichen Wohlgeruch, und was muß es für eine Pracht sein, sie im Monat Mai blühen zu sehen, wenn sie wie ein Purpurteppich die Matten und Felsgesimse umsäumen, sowie der Schnee schmilzt! Sie erblühen schon im Schutz der schmelzenden Winterdecke und sind bereits in voller Pracht, wenn der Berg eben das weiße Winterkleid abgelegt hat. (Siehe Abbildung am Schluß S. 76.)

Pomeranzenfarbiges Habichtskraut und goldblumiges Kreuzkraut schauen über die kleinen Gestrüppe der Azaleen und Rauschbeeren hervor, und auf den Steinen klammern sich Mannsschild und Steinbrechpolster fest.

Jetzt schaue dich um! Wie viel hundert Meter mögen es wohl sein, daß sich die Bergwand in gleicher Steilheit nach oben zu fortsetzt? Ich vermag nicht, es zu beurteilen. Es fehlt hier jeglicher Maßstab. Nur wenige kleine Talmulden scheinen die Bergseite zu unterbrechen bis hinauf zu dem riesigen Gletscher, dessen Firnsaum dort oben blendend weiß niederleuchtet.

Von den Felswänden droben stürzt alljährlich Gestein, das Winterfrost, Regen und Schnee abgelöst haben. Es rollt zur Tiefe, bis das dichte Gestrüpp und der Wald es zurückhält. So werden drunten die Wiesenmatten und Häuser der Leute beschützt.

An der ganzen weiten Wand hinauf baut sich der Schnee im Winter gleich einer neuen Gebirgslage auf, gerade an dieser Stelle um so höher und massenhafter, weil der Berg durch eine flache Mulde gefurcht ist. Bringt der warme Südwind, der Föhn, Tauwetter, so würde die ganze Schneemasse der steilen Bergseite ins Gleiten geraten und als riesige Lawine das Tal samt seinen Bewohnern begraben, aber das zähe Gestrüpp und der Bannwald halten die Schneedecke zurück, daß sich die Grundlawine nicht bildet. Jeder Knieholzbusch ist eine Hand, jeder Arvenbaum oder Lärchenstamm ist ein Arm, der den tauenden Schnee packt und ihn auf seinem Lager zu bleiben zwingt.

Die Wurzeln der Bäume und Sträucher kriechen gleich Schlangen über die Felstrümmer hin. Wie zähe Seile umstricken sie das lose Gestein. Moose und Kräuter, Gräser und Stauden siedeln sich zwischen ihnen an. Ihre abgefallenen Blätter verwesen zu fruchtbarer Alpenerde, die durch das rieselnde Schneewasser allmählich den Matten in der Tiefe zugeführt wird. Wäre die Bergseite hier von Wald und Gestrüpp entblößt, so würden binnen wenigen Jahren die Lawinen und Steinstürze, die Gewittergüsse und Stürme selbst die letzte Spur von fruchtbarem Boden hinwegfegen und nur die kahle Halde hier sein, die nicht einer Raupe Nahrung gewährte.

Selbst für die wenigen wilden Tiere des Alpentales ist ein solcher Bannwald und das Knieholzgestrüpp eine Wohltat und häufig der einzige Zufluchtsort. Im Schutze des verworrenen Buschwerks brüten Steinhühner, Birkhühner und Schneehühner ihre Eier aus: hier führen sie ihre Küchlein zum ersten Futter, scharren nach den Käfern und naschen reife Beeren. Hier verkriecht sich der weiße Alpenhase und das kleine Geschlecht der Mäuse. In das dichte Gestrüpp schlüpft der schlaue Fuchs — ja selbst der zottige Bär — wenn ein solcher vorhanden ist. Sei nicht bange, in diesem Tale weilt kein grimmiger Petz; es sind schon viele Jahre verflossen, seit der letzte erlegt ward. Weiter südwestlich kommen zwar noch Bären vor, und einzelne davon, die besonders reiselustig sind, wandern gelegentlich auf den Bergkämmen entlang auch bis zu den Bergen im Ober-Inntal. Nach dem Ötztal dringen sie nie vor, denn sie müßten dabei so ausgedehnte Gletscher und Firnfelder überschreiten, daß selbst einem Bär davor graut.

In das Bannwäldchen flüchten sich im Winter die Gemsen. Hier finden sie Nahrung, wenn der hohe Schnee jegliches Grasspitzchen verdeckt.

Wir nehmen vom Arvenbaum und jeder Strauchart ein Zweiglein mit zum Andenken an den geschützten und schützenden Bannwald.

Flühblümli. (Natürl. Gr.)

21.

Gemsbraten.

Hermann an seine Mutter.

Liebe Mutter!

Wir haben heute etwas gegessen, was Du gewiß noch nicht gespeist hast und das wahrscheinlich auch nicht einmal in Deinem Kochbuche steht, Gemsbraten nämlich, und zwar diesmal wirklichen. Der Herr Kaplan hat uns das Fell gezeigt, das noch frisch war, und die Hörner auch noch daran. Er sagte, die Gemse sei auf einem Berge in der Nähe geschossen worden. Wir wohnen nämlich heute in Fend bei dem Geistlichen des Ortes, der sich darauf eingerichtet hat, fremde Reisende aufzunehmen. Er hat ein besonderes hübsches Haus dazu bauen lassen mit niedlichen Stübchen darin, und ist selbst auch ein netter, freundlicher Mann. Wirtshäuser gibt's sonst hier nicht, ja der ganze Ort besteht nur aus einigen wenigen Häusern.

Der Herr Kaplan erzählte mir, wie die Gemse geschossen worden ist. Hier ist die Jagd auf Gemsen nicht so bequem wie in Bayern, denn es gibt hier nur noch sehr wenige. Es darf hier jeder auf die Gemsenjagd gehen, der Lust dazu hat. Es ist dies aber gar nicht so leicht. Ein solcher Gemsjäger muß sehr gut klettern können und in der ganzen Gegend genau Bescheid wissen. Manchmal wandert er zwei oder drei Tage umher, ehe er ein Tier zu sehen bekommt. Mitunter sieht er auch gar keins. Er nimmt sich Brot und Käse mit, nur selten etwa ein Stück Fleisch; dazu wohl ein Fläschchen mit Wein oder Kirschgeist. Zu Nacht bleibt er in einer Sennhütte oder in einem Heustadel, manchmal sogar unter freiem Himmel zwischen den Felsen. Die Gemsen sind außerordentlich scheu und wittern den Jäger schon aus weiter Ferne, wenn er nicht gegen den Wind geht. Hat er ein Tier geschossen, so nimmt er's auf das Genick und klettert damit wieder bergab. Das ist eine sehr gefährliche Arbeit, und deshalb ist der Gemsbraten auch teuer.

Der Vater sagte, Deine Winterhandschuhe seien aus Gemsleder. Vielleicht sind sie auch hier auf diesen Bergen herumgelaufen, als sie noch lebendig waren.

Der Braten war aber ganz delikat und der Rotwein dazu auch. Ich wünschte nur, Du hättest können dabei sein und mit essen.

Gestern hatten wir auch Gemsbraten bei dem Kaplan in Heiligenkreuz; das war aber kein echter, sondern Rindfleisch. Die Kuh war schon im vorigen Winter geschlachtet worden, und das Fleisch an Stricken in Spalten des Gletschers aufgehangen, der zwei Stunden von dort entfernt ist. Es stiehlt's ihnen niemand; es sind nicht viel Leute hier, und jeder weiß, was der andre zu Mittag ißt.

Alpen-Hutchinsie. (Natürl. Gr.)

Die Köchin hatte das Rindfleisch nach dem Rezept des Jakob gebraten, als er den Esau spielte, wir konnten es aber kaum beißen. Man schlachtet hier am liebsten alte Kühe, die keine Milch mehr geben, von denen ist das Fleisch zähe und erfordert tüchtige Zähne und einen guten Magen. Der echte Gemsbraten heute schmeckte bald wie junger Rinderbraten oder vom Reh. Wir hätten Dir gern ein Stück mitgeschickt, aber es ging nicht wegen der Sauce; statt dessen leg' ich Dir etwas Salat bei. Es ist ein Blümchen, das die Leute hier Gamskrös (Gemsgekröse) nennen; der Vater sagt, es sei Alpen-Hutchinsie, eine Kreuzblume. Ein Gemsjäger sagte uns: es sei ein „sehr gut Kraut für die Brust". Frisch schmecken die Blätter fast wie Brunnenkresse, und der Vater meint, man könnte vielleicht einen Salat daraus machen. Nimm also mit diesem vorlieb und mit vielen Grüßen von

Deinem

Hermann.

Wildheuer.

22.

Alpenheu.

In den höheren Alpentälern gedeiht nur wenig Getreide, in vielen gar keines. Dort leben die Leute einzig von ihren Kühen, Ziegen und Schafen, diese wiederum von den Gräsern und Kräutern der Wiesen. — Der Winter währt da droben ein halbes Jahr, in manchen Hochtälern auch 8—9 Monate. Nur während des kurzen Sommers kann das Weidevieh draußen sich selbst sein Futter suchen, während der andern Zeit muß es mit Heu im Stalle gefüttert werden. Je mehr der Älpler Heu machen kann, desto mehr kann er Vieh ernähren, desto mehr auch Butter und Käse verkaufen. So sorgsam wie der Bauer des Tieflandes das Getreide des Feldes beschützt und behütet, so sorgsam achtet der Älpler auf jedes Gräschen und Kraut, um es zu nutzen. Er bezieht ja mit seiner Familie den Unterhalt davon.

Wir werden heute auf unsrer Wanderung die Leute bei der Heuernte treffen. Alle Hände sind dabei tätig; die Häuser stehen währenddessen völlig leer, nur der Hofhund spaziert ernsthaft in seinem Reviere umher und sieht zu, ob alles in Ordnung ist. Rings um die Häuser des Dorfes und um die einzeln liegenden Weiler sind saftige Wiesenflächen, jede sorgsam umhegt mit Holzzäunen. Das Vieh, welches auf der Straße entlang getrieben wird, soll nicht aus dem Wege gehen und die Halme benaschen oder zertreten. Diese Hauswiesen sind das Kleinod des Älplers. Von ihnen erhält er das meiste Heu. In günstigen Lagen kann er sie zwei-, manche auch dreimal mähen. Er düngt und wässert sie und kann bei ihnen am sichersten darauf rechnen, daß er ihren Graswuchs einbringt.

Weiter entfernt von den Gehöften liegen andre Wiesenflecke, manche schon an den Bergseiten hinauf oder zwischen Waldstrecken. Sie sind ohne Gehege. Ihre Gräser und Kräuter sind noch ähnlich jenen auf unsern Wiesen, oft aber schon niedriger von Wuchs. Hier stehen Häuschen, aus Bohlen und Brettern errichtet, oben mit einem Dache geschützt, an einer Seite mit einer Öffnung. Es sind Heustadel, Häuser fürs Heu. Hier birgt der Älpler die gedörrten Gräser. Er erspart dadurch viel Zeit. Im Winter, wenn nichts Notwendiges mehr zu tun ist und die Vorräte daheim zur Neige gehen, fährt er mit dem Schlitten hinaus nach den Heustadeln und bringt ihre Schätze nach Hause. Je höher wir an den Bergen hinaufsteigen, desto mehr verändern auch die Wiesen und Matten ihr Ansehen. Droben, wo der Wald aufhört, kommen wir auf die eigentlichen Alpenweiden. Auf ihnen grasen die Kühe, an den steileren Gehängen klettern die Ziegen und noch höher, in den Felsentälern, in denen nur noch spärlich ein Gräschen sprießt, suchen sich Schafe mühsam ihr Futter.

Auch hier sind gewisse Matten zur Heunutzung bestimmt und dem Vieh verboten. Hier wachsen die echten Alpenkräuter von niederem Wuchs. Das dunkelbraune Ruchbrändli (s. Abbildung auf Seite 81, Fig. 3) begrüßen wir zuerst. Es ist eine Verwandte unsrer Orchis und duftet ganz wie Vanille. Daneben steht das wilde Aurikel, dann folgt ein Rasen von feinblättrigem Alpenwildhalm (Fig. 1), dann blaue Schafblumen und weiße Silberwurz. Etwas höher strecken sich Büschel von Knollenkraut (Fig. 6) und duftender Steinklee. Alpen-Lieschgras und Köhlerie, Hainsimsen und Wiesenzepter, rot oder gelb blühend, folgen nun; dann wieder Hahnenkopfklee, düster violetter Alpenklee (Fig. 2), blaue Rapunzeln, Enzian, Glocken, Kreuzkräuter, Fingerkräuter (Fig. 4), Habichtskräuter mit pomeranzenfarbigen Blumen und zahlreiche andre. Nur selten mischt sich ein Ruchgras, ein Rispengras, ein Augentrost oder ein ähnliches Gewächs des Tieflandes dazwischen. Einige alte Bekannte aus der Heimat begleiten uns freilich bis hoch hinauf auf die Bergspitzen und erhalten dabei einen kürzeren Wuchs, niedere Stengel und größere, lebhafter gefärbte Blumen.

Hier bei den niederen Kräutern an steilen Berglehnen muß auch der Älpler ganz anders beim Mähen verfahren als auf den fetten Talwiesen. Die schweren Alpenschuhe bewaffnet er mit vierkralligen Steigeisen, die er durch starke Riemen festschnallt; das Leben des Mannes hängt von

Alpenblumen.

1. Felsenwildhalm. 2. Alpenklee. 3. Ruchbrändli (Nigritelle). 4. Großblumiges Fingerkraut. 5. Alpenwegerich. 6. Alpenknollenkraut (in halber Größe).

ihnen ab. Die Sense regiert er mit *einer* Hand. Sie ist nicht viel größer als eine Sichel, hat eine kurze, flache Klinge und einen Stiel, der nur einen Arm lang ist.

In der linken Hand hält er einen Besen, aus den Reisern der Alpenrose gebunden. Mit diesem drückt er die Gräser und Kräuter gegen die Schneide der Sense und mäht sie so vom Rande des Abgrundes hinweg, ohne ein Hälmchen zu verlieren.

Noch höher hinauf an den Gesimsen der schroffen Wände, wohin das

Vieh sich nicht getraut zu steigen, darf der Wildheuer mähen. Er ist der arme Mann im Dorfe, der keine Alm und keine Wiese besitzt und mit dem vorlieb nehmen muß, was andre nicht mögen, weil's ihnen zu beschwerlich ist.

An den schmalen Felsengesimsen klettert der Wildheuer hin, gleich einer Gemse, und schneidet das Gras über dem gähnenden Abgrund hinweg. Er bindet es in ein Tuch zu einem Bündel und trägt es auf dem Kopfe den gefährlichen Weg wieder hinab. An geeigneter Stelle wirft

Heuziehen im Winter.

er das Bündel von der Fluh hinab in den Abgrund, in dem er es nachher wieder aufnimmt. Schon mancher stürzte herab und verlor sein Leben, und doch mußte er Futter für die Ziege daheim suchen, die ihn seine Kinder ernähren hilft.

Auch droben auf den Alpenweiden birgt man das Heu in hölzernen Heustadeln oder baut es unter schützenden Felsen zu Haufen auf. Sobald Schnee fällt und die Wege etwas ebnet, das Steingeröll überdeckt und die Klüfte erfüllt, ergreifen die Talbewohner die Schlitten und ziehen hinauf

auf die Berge, um die Heuvorräte herabzuschaffen, wenn nicht Hasen, Gemsen und Rehe sie schon teilweise verzehrt haben. Es gibt dabei manche gefährliche, halsbrecherische Fahrt, und Unglücksfälle sind gerade keine Seltenheiten. Viele von den Unglückstäfelchen, welche neben dem Wege in den Alpentälern stehen, erzählen davon, daß hier in der Gegend Leute beim Heumachen und Heuschlitten ihr Leben verloren haben. Manche waren dabei von der Felswand gestürzt, andre unterwegs von Lawinen erfaßt oder von fallenden Steinen erschlagen worden. Ist das Heu glücklich eingebracht, so folgt im Hause Tanzvergnügen nach der Fiedel und dem Hackebrett und Schmaus dazu, so gut als ihn Küche und Keller ermöglichen können.

Heu muß dem Alpenbewohner auch noch zu mancherlei andern Zwecken dienen. Es vertritt gewöhnlich die Stelle des Bettstrohes, oft auch die Stelle der Federbetten. Manche Alpen, wie jene bei Seis, werden sogar von kränklichen Leuten besucht, die in dem Alpenheu Schwitzkuren durchmachen, um sich dadurch von den rheumatischen Übeln zu befreien.

Da der Älpler wenig Getreide baut, so fehlt ihm auch das Stroh zum Einstreuen in seinen Viehstall. Er muß sich mit Waldstreu behelfen. Frauen und Kinder ziehen deshalb im Sommer hinaus in den Wald und harken Moos, Heidekraut, Laub und niedriges Gestrüpp zusammen. Dies schaffen sie nach Hause. Oft benutzen sie auch im Sommer hierzu die Schlitten, und ein tüchtiger „Knab' vom Berge" muß es gründlich verstehen, den schwerbeladenen Schlitten zu lenken und einzuhalten, wenn er auf dem glatten Rasen des steilen Abhanges hinabsaust, damit er nicht an Felsen zerschellt oder in den Abgrund und in den Wildbach hinabschießt.

Der Alpenhase im Sommerkleide und im Winterkleide.

23.

Der Alpenhase.

Weißt du, wer der Dieb ist, der dem Bauer das Heu stiehlt? Der Alpenhase tut es, und die Häsin hilft ihm dabei.

Der Alpenhase wohnt droben auf dem Berge, wo der Wald aufhört und die duftigen Kräuterwiesen beginnen. Er ist ein Nachbar der Gemsen und Murmeltiere. Seinem Vetter, dem gewöhnlichen Feldhasen, ist er zwar sehr ähnlich, besonders im Sommer, wenn er sein braunes Pelzwams trägt, er unterscheidet sich aber doch von ihm durch mancherlei. So sind seine Zehen länger und spreizen sich beim Laufen mehr aus; seine Nägel sind stärker. Er vermag besser am Berge zu klettern, sich im Gebüsch umherzutummeln und über den lockeren, tiefen Schnee wegzulaufen.

Im Sommer führt der Hase ein lustiges Leben! Früh, wenn die Morgensonne die weißen Schneehäupter rosenrot malt und im Tale drunten noch die Nebel lagern, ist derselbe schon munter. Er putzt sich den langen Schnurrbart mit den Pfoten, spitzt die Ohren und horcht nach allen Seiten, wittert gegen den Wind und prüft, ob alles ruhig und sicher ist — dann nimmt er sein Frühstück wie ein vornehmer Herr. Er speist lauter auserlesene Sachen. Jetzt nascht er von einer köstlichen Silberwurz, jetzt von einem Schwanzständel, die wie lauter Vanille duften. Dann wieder speist er ein wenig Ruchgras und Alpenhafer und wohl auch etwas Enzian oder Alpenwermut, denn das ist gut für den Magen. Will er würzige Bärwurz, so hat er sie gleich zur Hand. Hat er ein Gelüst nach saftigem Wegerich, so braucht er sich nur zu bücken. Aurikel und Flühblümchen, Speik und Mannsschild usw. stehen ringsum, blühen und duften, als sei es eine reichgedeckte Tafel, eigens für den hochgeborenen Herrn zurecht gemacht.

Giftiger Germer und Eisenhut sind zwar auch in der Nähe, Herr Hase hütet sich aber gar sehr, davon zu naschen. Daß sie ihm schädlich sind, hat ihn entweder seine Mutter gelehrt, oder es hat's ihm seine eigene Nase verraten, seine alles beschnuppernde Nase.

Jetzt ist das Frühstück beendet, nur noch ein wenig Weidenrinde kommt etwa zum Nachtisch statt Zahnstocher. Dann putzt er sich wieder den Bart und setzt sich auf den Stein mit weichem Moos. Wenn er singen könnte, er würde ein lustiges Lied anstimmen, etwa: „Ich bin der Has' vom Berge!"

Dann streckt er sich auf den Stein, so lang und breit er ist, und die Sonne wärmt ihn. Er hält sein Morgenschläfchen mit offenen Augen, gerade wie sein Vetter, der Kohlhase. Er hat dieselbe Farbe wie der Stein, und du kannst nahe an ihm vorbeigehen, du bemerkst ihn nicht leicht. Auch der Adler droben muß sehr genau ausschauen, wenn er ihn sehen will.

Kommt dann der Abend, so speist der Alpenhase das Nachtmahl und tummelt sich aus, spielt mit seinen Kameraden ein wenig Versteckens und Haschens, und alle achten wohl auf, daß nicht der Fuchs mit dazu kommt und das Spiel durch seine Unarten verdirbt. Dieser ist ein schlimmer Schalk und faßt viel zu derb zu, so daß der Spaß zu Ende geht.

Aber wenn der Winter kommt, ist auch für den Alpenhasen die schöne Zeit vorbei. Sowie der Schnee fällt, wandelt sich sein Pelz. Die braunen Haare fallen aus, es wachsen statt ihrer schneeweiße. Nur die Spitzen der Ohren bleiben schwarz. So sieht der Alpenhase fast aus wie ein weißes Kaninchen, hat aber nicht so rote Augen wie dieses, sondern braune.

Die Heumacher haben die Gräser und Kräuter rein abgemäht, die Wildheuer haben sie sogar von den schmalen Felsgesimsen weggeholt und alles auf Haufen und in Heustadeln und Gaden geschafft. Es fällt hoher Schnee. Das Häslein schneit zu und seine Familie mit. Was sollen sie essen? Sie scharren Gänge im Schnee und suchen nach Weidengestrüpp, nagen die Rinde ab und verzehren die Knospen; das ist eine gar magere Kost.

Hat sich der Schnee etwas zusammengesetzt, ist er fester geworden, so spazieren die Häslein oben hinauf und schauen um, ob's irgendwo etwas Besseres zu schmausen gibt. Sie entdecken die Heuschuppen der Bauern, und nun feiern sie Erntefest. Warum sollten die Leute auch das Heu hier gesammelt haben? Für wen ist es so sorgsam geborgen unter Dach und Fach — doch für niemand sonst als für die Hasen? Mitunter kostet es diesen freilich etwas Mühe, dazu zu gelangen, denn der Eingang liegt oben; aber der Wind hat den Hasen den Weg gebaut und eine hohe Schneewehe als Brücke und Leiter daran gesetzt, dort geht es hinauf und hinein ins schöne Heu. Das ist wie im Schlaraffenland! Jetzt wohnen sie mitten im Futter und brauchen nur zuzubeißen, wenn sie Appetit haben. Und warm ist solch ein Lager! Es geht doch nichts über ein Heustadel!

Bei aller Lust vergessen aber die Hasen doch nicht die Vorsicht. Sind sie zu zwei in demselben Gaden, so schlägt der eine sein Lager an der einen Seite auf und sein Kamerad an der andern; nun können sie unbesorgt schlafen. Kommt ungebetener Besuch, so weckt der, welcher ihn zuerst bemerkt, den Gefährten, und beide entfliehen gemeinschaftlich.

Diese Herrlichkeit geht bald zu Ende. Die Bauern brauchen das Heu für ihr Stallvieh und kennen die Dieberei der Hasen. Sie kommen mit Schlitten, laden das Heu auf und fahren's zu Tale. Da bleibt den Hasen nichts übrig als das Nachsehen, ob ein Hälmchen in den Ritzen stecken blieb.

Der Winter ist gar lang und der Schnee hoch, die Adler haben scharfe Klauen und die hungrigen Füchse spitze Zähne. Selbst die Jäger steigen im Winter auf den Berg hinauf, folgen den Fußspuren der Hasen auf allen Krümmungen und Widerhaken und beschleichen sie in ihrem Lager. Der Winter ist eine schlimme, schlimme Zeit, doch folgt auf ihn ja der Frühling mit neuen Blumen und neuer Lust. Sind auch eine Anzahl Kameraden gefallen, so vermehrt sich die Familie ja wieder durch junge Häschen, die schon am zweiten Tage ihres Alters Sprünge machen und mit der Mama nach jungen Grasspitzen ausspazieren können. Der weiße Winterpelz verschwindet wieder mit dem Schnee, und mit dem braunen Sommerrock ist auch alle Not und Mühe vergessen.

24.

Gebirgsbäche und Wasserfälle.

Hermann an seinen Bruder Karl.

Lieber Karl!

In den Alpen gibt's nicht bloß Milch, sondern auch viel Wasser. Die Alpenwasser sind ganz anders als die Gewässer bei uns daheim. Sie sind zwar gerade so naß als die unsrigen, haben aber ein ganz andres Wesen. Unsre Flüsse und Bäche marschieren gemächlich dahin, man hört selten einmal ein Plätschern oder ein schwaches Rieseln.

Die Alpengewässer aber, soviele ich gesehen habe, sind wilde, wilde Burschen.

Selbst der Inn, der doch bei Imst schon ein tüchtiger Fluß ist, stürzt brausend und schäumend in einem steilen Felsenbett entlang, das er sich selbst ausgewaschen hat. Man begreift nicht, wie es möglich ist, da hinüber zu fahren. Neben der Brücke bei Ropen, über die wir gingen, war auch auf einem sogenannten Martertäfelchen angemalt und geschrieben, daß hier mehrere Leute beim Überfahren mit dem Kahne verunglückt seien.

Dann kamen wir in das Ötztal. Diesem entlang brauste der Ötztaler Achen. Die Ufer bestehen fast allenthalben aus steilen Felsen. Auf dem Grunde liegen auch Felsblöcke von allen Größen, und über diese setzt nun das wilde Wasser hinweg, daß der Gischt bis an die Brücke hinaufspritzt. Den ganzen Tag über hört man fortwährendes Brausen und Donnern. Drei Tage lang gingen wir an diesem Wasser stromauf, und fortwährend war es gleich wild und tosend. Links und rechts stürzten von den Bergen kleine Bäche herab. Manche machten dabei prächtige Wasserfälle; so war besonders schön der Fall, den der Stuibenbach bei Umhausen bildet. Manchmal sahen wir sogar sechs oder sieben Wasserfälle mit einem Male. Anfänglich waren wir ganz entzückt darüber, später kam es aber vor, daß wir sogar ärgerlich darüber wurden. So erging es uns bei Fend. Wir waren ein paar Stunden lang an einem Berge herumgeklettert, um Alpenpflanzen zu suchen. Als wir nach Fend zurückwollten, gerieten wir an einen Bergbach, der von den Schneelagern des Wildspitz herabstürzte. Er bildete eine fortlaufende Reihe so schöner, hoher Wasserfälle, daß wir nirgends darüber konnten. Wir mußten lange suchen, ehe wir eine Stelle fanden, um darüber hindurchzuwaten.

Die Wasser, welche unter den Gletschern hervorquellen, sind sehr trübe und schmutzig, die andern aber ganz klar. Kalt sind sie alle. In einem kleinen Bache am Anfange des Ötztales war der ganze Grund mit lauter schönem Glimmersand bedeckt, der wie das prächtigste Silber funkelte. Eine Probe davon schickt Dir anbei mit

Dein

Hermann.

25.

Die Forelle.

Die Forelle lebt im klaren Gebirgsbach, sie vermeidet den trüben Fluß und das milchweiße Gletscherwasser. Aber in den kristallhellen Bächen, die in tausenden kleinen Wasserfällen von den Bergen herabhüpfen, treibt sie lustig ihr Wesen, springt mit den Wellen um die Wette, läßt sich von dem stürzenden Wasser zu Tale treiben und schnellt von Stufe zu Stufe, von Stein zu Stein wieder hinauf.

Im Frühjahr schlüpfen die jungen Forellen aus dem rötlichen Laich, den die alten Fische im November zwischen den Steinen des Bachgrundes verborgen hatten. Sie lernen ihre Eltern nie kennen, und diese kümmern sich nie um ihre Kinder. Schon ehe das Eis auftaut, ziehen die alten

Forellen stromab nach den tieferen Stellen und überlassen es der Sonne und dem Wasser, den Laich auszubrüten. Die winzig kleinen Fischchen müssen schon für sich selbst sorgen, sobald sie aus dem Ei kommen. Sie fangen Würmchen und kleine Wassertierchen, schmausen sie und werden davon bald größer und stärker. Merken sie aber einen größeren Fisch in der Nähe oder einen Menschen, eine Fischotter oder einen Vogel, der ihnen Gefahr bringen könnte, so verstecken sie sich zwischen dem Gestein oder unter das hohle Ufer und warten, bis alles wieder sicher ist.

Sowie sie kräftiger werden, tummeln sie sich auch kecker und dreister im plätschernden Bache. Ihre Sprünge werden höher und kühner. Sie schnellen sich sogar ein tüchtiges Stück über das Wasser empor, um die Mücken und Fliegen zu fangen, welche über dem Bache tanzen. Sind sie noch älter und größer geworden, so ziehen sie aus den flachen, kleinen Wässerchen hinab nach den tieferen Stellen. Dabei ändert sich auch ihre Farbe, je nach dem Orte, an welchem sie wohnen, und je nach der Speise, welche sie genießen.

Die Forellen in den düsterbeschatteten Waldbächen sind dunkel gefärbt, fast schwarz, selten gefleckt. Nur am Bauche haben sie mitunter einige braune Flecken. Winden sich die Bäche durch offene, sonnige Wiesen, so wird auch die Färbung der Forellen heller und lebhafter. Ihr Rücken ist dann braun gewölkt, ihr Bauch weißlich oder gelblich. Oft sind sie mit hellroten Punkten und Flecken besetzt und sehen dann allerliebst bunt aus. Unter hundert Forellen finden sich kaum zwei, die ganz gleiche Farbe zeigen, jede ist etwas anders. Tut der Fischer die verschiedenfarbigen Forellen in den Fischkasten und füttert sie dort eine Zeitlang, so werden sie samt und sonders schwärzlich. Die Forellen, welche man gewöhnlich während des Sommers im Bache antrifft, sind ungefähr 12—22 cm lang und haben 125—250 g im Gewicht.

Die alten Fische halten sich mehr einzeln, suchen sich schattige Verstecke unter überhängenden Uferrändern oder in hohlen Steinen. Dort lauern sie still auf Beute. Kommt ein Käferchen, eine Mücke oder Fliege, die im Wasser verunglückt, daher geschwommen, so schießt die Forelle hervor und schnappt sie hinweg. Auch Ellritzen und ähnliche kleine Fischchen sind vor dem gefräßigen Burschen nicht sicher. Nahen dergleichen einem solchen Nimmersatt, so werden sie von ihm verschluckt. Die Forelle hat drei Reihen scharfer Zähne und kann kleinere Fische mitten entzwei beißen, wenn sie ihr zu einem Bissen zu groß sind.

Die kleineren Forellen ziehen gemeinschaftlich zu fünf bis zehn auf ihr Jagdvergnügen aus. Diejenige, welche einen leckeren Bissen zuerst sieht, schnappt ihn weg. Wer nicht aufpaßt, muß hungern. Schießt die erste Forelle fehl, so erwischt die nächste die Beute, wenn sie geschickt und flink genug ist.

Ganz besonders gute Beute machen die kleinen Wasserjäger bei einem Gewitterregen. Der Wind, die fallenden Tropfen und die übertretenden Wasser schaffen von allen Seiten Käferchen, Fliegen, Heuschrecken und andre Insekten herbei, die von den Büschen und Kräutern und von den Ufern fortgespült werden. Das rasch stürzende Wasser reißt die Verunglückten weiter. Wo das Bett des Baches sich etwas erweitert, bilden sich Wirbel. Am äußeren Bogen des Wirbels treiben Insekten, Holzspänchen und fortgeschwemmte Blättchen umher, und hier lauern auch deshalb die Forellen dann am liebsten und haben Festtag. Die Stelle, welche eine Forellenschar sich zum Lieblingsplätzchen ausgewählt hat, behält sie den ganzen Sommer hindurch. Hier kennen die Tiere jeden Stein und jedes Schlupfloch und wissen sich schnell zu flüchten, wenn ihnen Gefahr droht.

Bachforelle.

Während der Nacht suchen die Fischchen die Mitte des Baches. Hier stehen sie still und bewegen nur ein wenig die Schwanzflosse, um den Platz zu behalten. Nur bei stärkerem Geräusch fliehen sie. Sind sie während des Sommers gehörig groß und stark geworden, so ziehen sie Ende Oktober wieder nach den seichteren Stellen der Bäche in die oberen Bergtäler hinauf und setzen den Laich zwischen dem Gestein ab. Während des Winters bergen sie sich im tieferen Wasser nahe am Ufer. Sie schlafen dann wahrscheinlich, fressen wohl auch nichts und bewegen sich fast gar nicht.

Für die Gebirgsbewohner ist die Forelle eine Delikatesse; sie versuchen deshalb hunderterlei Künste, um die flinken Fischchen zu fangen. Geschickte Knaben legen sich flach an das Ufer, streifen die Ärmel auf und untersuchen die Höhlungen. Sie greifen die Fische dort mit den Händen. Dabei müssen sie freilich fest zufassen und die Gefangenen womöglich gegen einen Stein oder gegen die Uferwand drücken, denn die Tiere sind sehr glatt und gleiten ihnen leicht aus der Hand. Auch dürfen sich's die Burschen nicht verdrießen lassen, wenn gelegentlich ein Krebs ihnen den Finger mit seinen Zangen faßt.

Manche andre gehen bei Nacht auf den Forellenfang aus, wenn die Fische still liegen und schlafen. Der eine leuchtet und der andre spießt die Tiere mit einer mit Widerhaken versehenen mehrzinkigen Gabel an.

Bequemer ist es, die Forellen zu angeln. Hierbei verbirgt sich der Fischer am liebsten hinter Gebüsch oder bleibt vom Wasser so weit als möglich entfernt, damit die Fische ihn nicht sehen und fliehen. An die Angelhaken steckt er im Frühling am liebsten eine große Wiesenschnake, im Sommer einen Brachkäfer oder eine kleine Heuschrecke. Er läßt die angespießten Tiere auf dem Wasser treiben, als ob sie schwämmen. Sind Forellen in der Nähe, so werden sie gewöhnlich auch bald anbeißen. Selbst wenn die Forelle den Köder abfressen oder sich vom Haken losreißen sollte, kann der Fischer einen neuen Käfer oder Regenwurm anhängen und wird wahrscheinlich denselben Fisch zum zweitenmal anbeißen sehen.

Nach Regenwetter sucht der Fischer die Wasserwirbel an den breiteren Stellen des Baches auf und wirft seinen Angelhaken mit einem Regenwurm in die äußersten Kreise desselben. Einen Schwimmkork darf er aber nicht anwenden, denn die Fischchen scheuen davor. Für die großen Forellen benutzt er auch lebendige Ellritzen zum Köder.

Mitunter wendet der Fischer auch Sacknetze zum Forellenfang an, spannt diese mit einer Astgabel quer über die ganze Breite des Baches, und sein Kamerad scheucht nun von obenher die Forellen durch Lärmen und Plätschern dem Netze zu.

Hast du, mein junger Reisegenosse, heut einen tüchtigen Marsch über die Berge glücklich vollführt, kehrst du ein im Wirtshaus bei der freundlichen Wirtin, vom Steigen und der frischen Luft müde und hungrig, so wirst du Fische, Fischer und Wirtin preisen, wenn ein leckeres Forellengericht neben rotem Wein deiner harrt und dich erquickt.

Das Fender Tal bei Heiligenkreuz. (Von des Kaplans Wohnung aus gesehen.)

26.

Der Rofener Hof.

(Eine Morgennebelpromenade und ein Zufluchtshaus.)

Um drei Uhr morgens stehen wir auf. Der Führer hat die frühe Stunde bestimmt, damit wir über den Gletscher gelangen, bevor die Sonne zu stark auf den Firn wirkt, ihn erweicht und wässerig macht. Es sieht sehr unbehaglich aus. Dichter Nebel liegt im Tale, die Luft ist kalt und feucht. Wir genießen unsern Morgentrank und versehen uns mit Mundvorräten für den Tagemarsch. Der Führer erscheint — mit einem Regenschirme bewaffnet! — Ein schlimmes Anzeichen!

„Was für Wetter wird aus dem Nebel?" fragen wir ihn. — „Weiß nit!" ist seine Antwort. Dasselbe antwortet er auf alle weiteren Erkundigungen, die wir hierüber noch einzuziehen versuchen.

Um vier Uhr brechen wir auf und wandern im Gänsemarsch den schmalen Fußsteig entlang, der nach Rofen führt. Wenig Schritte hinter uns verschwinden bereits die fünf Häuser von Fend mit der Kapelle im Nebel, vor uns erkennen wir keinen andern Gegenstand als die hohe breitschulterige Gestalt unseres Führers. Rechts steigt der Berg auf. Links geht's sehr steil und abschüssig hinunter. Es braust von dort unten herauf; es ist dort das Bett des Rofener Baches.

Der Nebel wird noch dichter, die Luft noch feuchter. Es bilden sich feine Wassertröpfchen, dann größere Tropfen, erst fallen sie einzeln, dann zahlreicher und dichter. Nach einer Viertelstunde regnet es vollständig. Die Morgenpromenade fängt an unangenehm zu werden. An unsern Überziehern tröpfelt es lebhaft herab. Sie nehmen auffallend an Gewicht zu. Von dem Hutrande ergießt sich jedesmal ein kleiner Sturzbach, sobald wir den Kopf neigen. Der Pfad führt an einem Wasserfall vorbei, der von der Bergwand herabstürzt — diese Naturschönheit hat jetzt gar keinen Reiz für uns — wir haben schon viel mehr Wasser, als uns lieb ist. Der schlüpfrige Weg läßt nur ein langsames Marschieren bergauf zu. Endlich, nach einer sehr langen Stunde, verkündet unser Leiter die zwei Rofener Höfe. Wir befinden uns hier 2020 m über dem Spiegel des Meeres, also noch ein gut Stück höher als die Schneekoppe des Riesengebirges, ziemlich doppelt so hoch wie der Brocken, an einer der höchst gelegenen Wohnungen von ganz Europa, der höchsten des österreichischen Kaiserstaates. Wir geben zu, daß dies alles höchst interessant ist, allein für jetzt haben wir nur den einen lebhaften Wunsch; aus dem Regen ins Trockene zu kommen.

In eins der Häuser treten wir ein, hängen die träufelnden Oberkleider in der Stube neben dem Ofen auf und bestreben uns, zum bösen Spiele gute Miene zu machen. Es ist noch sehr düster im Zimmer. Die Holzbekleidung der Wände ist vom Rauch und Alter geschwärzt. Die Fenster sind klein, und draußen liegen die Regenwolken davor. Sechzehn Männer sind außer uns noch im Zimmer — es sind lauter Brüder; die gesamte männliche Bewohnerschaft Rofens. Neue Erkundigungen, die wir des Wetters wegen anstellen, liefern das vorige Ergebnis; „Weiß nit!" ist das Schlußwort. Wir versuchen uns hier einzurichten, so gut es gehen will, denn es gelüstet uns nicht, im Regen nach dem Gletscher zu wandern.

Wir sehen uns um. In der Hausflur stehen eine Anzahl Bergstöcke mit Eisenspitzen. Daneben liegen zusammen gerollte lange Leinen, aus zähen Riemen geflochten. Die sechzehn Brüder sind sämtlich erfahrene Führer über die Gletscher. Wenn es nötig ist, nehmen sie jene Leinen mit, um zu mehreren an denselben anzufassen und eine Reihe zu bilden.

Bricht dann ja einmal einer in eine überschneite Gletscherspalte, so halten ihn doch die andern und bewahren ihn vor einem Sturz in die Tiefe. Auch ein Stuhl mit Tragstangen steht hier; mit seiner Hilfe können Ermattete weiter gebracht werden. Hacken und Schaufeln lehnen dabei. Die Leute sind eben mit Anlegung eines Saumpfades an der östlichen Talwand beschäftigt; bisher ist noch kein Pferd oder Maultier ins Rofener Tal eingewandert.

In der Küche wirtschaften Frauen bei dem knisternden Holzfeuer am großen Herde. Holz wächst hier in der Umgebung nicht, ebensowenig gibt es Torf, Braunkohle oder Steinkohle. Das Holz zum Brennen muß ein paar Stunden weit aus dem Fender Tale heraufgeschafft werden. Hier wachsen weder Getreide noch Kartoffeln, noch sonst eine Feldfrucht. Es ist kein Ackerland vorhanden, auf dem etwas gebaut würde, der kurze, rauhe Sommer würde nichts reifen. Mehl und alle sonstigen Speisevorräte müssen ebenfalls auf dem Rücken stundenweit herbeigeschafft werden. Einen großen Teil der Nahrung liefert die Herde. Der Speisezettel der Köchin fällt hier ganz anders aus als bei uns daheim.

Nach dieser Rundschau kehren wir wieder ins Zimmer zurück. Es regnet noch immer! Eine gezähmte Kohlmeise vergnügt uns. Sie fliegt zutraulich auf den Tisch. Einer der Männer sucht aus dem Tischkasten Zirbelnüsse und läßt sie sich von dem Vögelchen aus der Hand nehmen. Nach beendigter Vorstellung des Tiroler Tierbändigers regnet's immer noch! Wir rufen jetzt unsere Erinnerungen aus der Geschichte zu Hilfe, um das nasse Halbdunkel uns etwas angenehm zu machen.

Vor fünfhundert Jahren (1414), als es drei Päpste mit einem Male gab und deren Streitigkeiten sowie viele andre Verwirrungen im Lande durch die Kirchenversammlung zu Kostnitz geschlichtet und geordnet werden sollten, damals gehörte Österreich dem Herzog Friedrich, genannt „mit der leeren Tasche". Dieser nahm einen jener Päpste, Johann XXIII., in Schutz, und da letzterer von der Kirchenversammlung in den Bann getan ward, so geriet sein Beschützer Friedrich zur Gesellschaft auch in den Bann und war seines Lebens nirgends mehr sicher und seiner Länder verlustig. Der geächtete Herzog floh ins Gebirge und hielt sich versteckt im Rofener Hofe. Es war damals nur ein einziges Haus hier vorhanden.

In dieser Stube, in welche uns der Regen getrieben hatte, saß damals der Herzog und war noch viel schlimmer daran als wir. Der Besitzer des Hofes verpflegte ihn trotz Kirchenbann und Reichsacht und trotz der „leeren Tasche“. Später gestalteten sich die Verhältnisse des Herzogs günstiger. Der Papst dankte ab, und Friedrich ward von dem Banne befreit. Er erhielt seine Länder zurück und vergaß nachmals im Glück auch seines Beschützers in Rofen nicht. Er befreite den Hof von allen Steuern und Abgaben, verlieh ihm besondere Vergünstigungen in Bezug auf die Gerichtsverhältnisse, gab ihm alle Rechte eines Burgfriedens und dazu noch das Asylrecht. Wenn sich ein Verfolgter hierher flüchtete, so durfte er selbst von den obrigkeitlichen Personen des Landes nicht gefangen weggeführt werden. Er war geborgen, solange ihn der Besitzer des Hofes beherbergte. Unter Joseph II. wurde zwar dieses Asylrecht aufgehoben, allein die Steuerfreiheit von Grund und Boden verblieb den Rofenern. Ihr Unterhalt beruht auf den Alpenwiesen ihrer Umgebung, an denen sie ihr Vieh weiden und das Heu für selbiges machen — vorausgesetzt, daß es nicht so regnet, wie eben jetzt!

Wir greifen zu einem andern Hilfsmittel, um die Wasserfälle draußen zu vergessen. Auf ein Stück Papier zeichnen wir uns ein Schachbrett und spielen erst „Wolf und Schafe“, dann „Dame“ miteinander. Geldstücke müssen die Stelle der Damensteine versehen. Da meldet endlich unser riesiger Joseph, daß das Wetter besser würde und die Nebel im Tale hinauf nach dem Joche zu ziehen. In wenigen Augenblicken sind wir reisefertig und verlassen unser Asyl und Gefängnis.

Der Rofenbach wird überschritten. Die Brücke besteht aber nur noch aus ein paar Längsbalken, glücklicherweise ist das Geländer noch vollständig. Auf dem Mittelbalken, der noch vom Regen träuft, balanzieren wir über die tiefe Kluft, in der unten der Rofenbach brausend hindurchjagt, und danken Gott, als wir drüben wieder festen Grund unter den Beinen haben.

Noch ziehen die Wolken an den Bergen hin, aber der Regen hat doch aufgehört. Als sie sich von dem Wildspitz, dem Platteikogel und dem Rofenberg zurückziehen, sehen wir, daß es droben geschneit hat, während es im Tale regnete. Ein breiter Streifen frischgefallener Schnee deckt die Kämme und unterscheidet sich deutlich von den alten Schneelagern dahinter.

Der Führer prophezeit jetzt gutes Wetter, also „Glück auf!“

27.

Die Kinder im Hochgebirge.

Hermann an seinen Bruder Karl.

Lieber Karl!

Du wirst gewiß auch gern wissen wollen, was die Kinder treiben, die hier im Gebirge wohnen: ob sie auch täglich sechs oder sieben Stunden lang in der Schule sitzen müssen, lateinische und französische Arbeiten machen und Regeldetri oder Bruchrechnung haben usw.

In den Städten und großen Dörfern ist es so ziemlich wie bei uns. Dort haben die Kinder auch verschiedene Schulen, spielen Ball, Haschens, Anschlagen, mit Kugeln und Kreiseln. In denjenigen Tälern aber, in welchen nur einzelne Häuser weit voneinander entfernt liegen, führen die Kinder ein ganz anderes Leben. Im Frühjahr, d. h. wenn der Schnee weggeht, fangen bei ihnen die Ferien an und dauern bis zum Herbst, bis wieder Schnee fällt, den ganzen Sommer hindurch. Das ist eine Pracht und wäre etwas für Albert, wenn er hier wohnte. Da die Häuser aber einzeln liegen und in manchen nur ein Kind ist, können sie nicht Räuber und Gendarmen spielen, sondern müssen sich oft ganz allein ihren Spaß machen. Ich habe gesehen, daß ein Junge sich eine Mühle geschnitzt hatte, ein Rad aus Holzspänen, die in einer Welle staken. Dies hatte er an einem Bergwässerchen aufgestellt. Es drehte sich ganz lustig. Sind mehrere Knaben beisammen, so spielen sie „Geißhumpen"; sie stecken Ruten in bestimmten Entfernungen voneinander auf und springen darüber. Dann üben sie sich auch im Ringen und machen es dabei den erwachsenen Burschen nach. Du weißt ja, daß die Alpenbewohner besondere Feste haben, bei denen sie auf der Alm zusammenkommen. Dabei wird nach der Fiedel und dem Hackebrett getanzt, und die Männer ringen miteinander. Dies lernen sie schon als Knaben und haben ihre Regeln dabei, wie einer den andern anfassen muß.

In den Dörfern, in welchen die Leute Spielwaren schnitzen, müssen die Kinder gehörig mithelfen: Knaben und Mädchen. In andern Tälern müssen sie das Vieh auf den Bergen mit hüten, besonders die Ziegen und Schafe. Da heißt es tüchtig klettern und gehörig aufpassen. Gebratenes und Gebackenes gibt's dabei nicht viel, oft weiter nichts als grobes, hartes Brot und mageren Käse, den man Zieger nennt. Er wird noch aus den zurückbleibenden Molken gemacht, wenn der gute Käse schon fertig ist.

Beim Heumachen müssen die Kinder auch tüchtig mit zugreifen.

Im Winter haben sie Schule. Sie müssen dann mitunter eine Stunde weit durch den Schnee bis zur Schule waten und haben dabei Fußwege, auf denen manches Stadtkind kaum im Sommer vorwärts käme. In einem Örtchen fanden wir eine alte Frau, welche im Winter den Schulmeister macht. Ob sie dann den Stock gebraucht oder auch eine Besenrute, konnten wir nicht erfahren. An manchen andern Orten besorgt es der Geistliche, der Herr Kaplan. Manche Knaben müssen auch beim Gottesdienst mit helfen.

Die Kinder lernen in der Schule Religion, Lesen und Schreiben, wahrscheinlich auch etwas Rechnen. Ob sie sonst noch etwas anderes treiben, weiß ich nicht. Eine Frau Wirtin fragte uns: „ob Norwegen in Leipzig läge?" und ein Maultiertreiber wollte vom Vater gern ein Kraut kennen lernen, welches Eisen in Stahl verwandle und es scharf mache. Die beiden hatten in der Schule wohl nicht viel Geographie und Naturgeschichte gehabt. Ich glaube aber, daß es bei uns daheim auch noch einige gibt, die es nicht besser gelernt haben, und in den Alpen werden die meisten Leute ja wohl auch besser unterrichtet sein; vielleicht haben wir sie nicht immer richtig verstanden. Die Leute sprechen zwar hier auch Deutsch, es klingt aber ganz anders, als wir es sprechen. Vieles nennen sie auch mit ganz andern Namen. —

Während der Sommerferien möchte ich wohl auf den Bergen wohnen, besonders wenn schönes Wetter ist, aber im Winter mag es hier sehr langweilig sein. Es ist auch im Sommer nicht immer schön, wenn so ein Junge ganz allein an den Bergen herumklettern muß, immer in Furcht vor den Steinfällen, Lawinen und Wildwassern. Die Kinder müssen hier lernen, sich selber durchzuhelfen.

Wir haben mehrere Gedenktafeln am Wege getroffen, auf denen angemalt und angeschrieben stand, daß Kinder im Bache oder an Felsen, beim Heuholen oder Holzmachen verunglückt waren. Die Kinder im Gebirge haben wohl manches Hübsche, aber auch vieles sehr Üble. Die Wege und Stege über die Berge kennen sie hier aber alle sehr genau, viel besser als

Dein Bruder Hermann.

Kinder im Winter auf dem Schulwege.

28.

Ein Felsental.

Der Pfad an der rechten Seite des Rofenbaches hinauf ist gut gebahnt. Die Arbeiter sind noch damit beschäftigt, ihn zu einem Saumpfade zu erweitern, auf dem künftig der Wanderer hoch zu Maultier die Bergwanderung ausführen kann. Der früher gebräuchliche Fußweg geht dem linken Ufer entlang nach der Eishütte, einer Schäferhütte, nicht weit vom unteren Ende des Hochvernagtgletschers. Der neue Weg wird freilich einer fortwährenden sorgsamen Pflege bedürfen, denn schon jetzt finden wir das mürbe, lose Gestein weit hinter den Stellen wieder nachgestürzt, die von den Arbeitern erst seit kurzem vollendet wurden.

Je weiter wir im Tale hinaufkommen, desto enger wird dieses, wolfsschluchtähnlicher. Eine Talsohle, eine breite Fläche im Grunde, ist hier nicht vorhanden. An der tiefsten Stelle, an der sonst bei vielen andern Tälern freundliche Wiesenstrecken sich ausdehnen, ist hier eine schmale, tiefe Kluft mit senkrecht abfallenden Wänden, zwischen denen sich der wilde Rofenbach lärmend und schäumend hindurchdrängt.

Die Seiten der Berge fallen steil und rauh ab, an mehreren Stellen sind sie von Querschluchten durchschnitten, in denen Zungen höherer Gletscher bis zum Bache hinabreichen. Die Bergseiten und selbst die Gletscherzungen sind mit Schutt und Steingeröll dicht bedeckt, so daß wir auf den Gletschern nur an einzelnen Stellen das blanke Eis sehen.

Das Gestein flimmert im Licht. Es ist graubräunlicher Glimmerschiefer, hier und da übergehend in Gneisfelsen. Die losgelösten Blöcke liegen in sehr verschiedenen Größen am Abhange hinab, meist sind sie aber nur klein: kopfgroß bis faustgroß; sehr viele sind völlig zu Grus und Staub zerfallen, der durch Regen, Schnee und Nebel in braunen Schlamm verwandelt ist. Auch die Seiten der größeren Felsen, an denen wir vorübergekommen, sind stellenweise ganz mürbe und zu toniger Erdmasse aufgelöst. In den kleinen Wasseradern am Wege haben sich die freien Glimmerblättchen zu feinem Sand abgesetzt, der wie lauter

Silberflitter funkelt und glänzt. Es ist derselbe schöne Sand, den man hier und da zum Streusand verwendet.

Hier in dem wilden Tale des Hochgebirges gewahren wir keine Wohnungen, keine Felder bebaut von Menschenhand — wir sind wahrscheinlich jetzt die einzigen menschlichen Wesen auf stundenweite Entfernung; hier rauscht kein Baumwipfel im Winde, nur das Wasser drunten und an den Seiten braust einförmig. Hier merken wir kein Tierleben — nur das tote Gestein hat hier sein Reich. Es wird uns einsam und schaurig zu Mute.

Und doch ist selbst das Gestein nicht tot. Alles, was vorhanden ist, lebt! Auch in den Felsen schlummern und wirken Kräfte.

Das Märchen erzählt von Zwergen und Kobolden, von kleinen Geisterchen, die im Gestein der Berge ihr Wesen treiben. Das Märchen enthält Wahrheit, wenn es die vielerlei Kräfte, die im Gestein tätig sind, sich unter dem Bilde jener Wesen denkt. Nur ist das Leben des Gesteins ein völlig andres als das Leben der Pflanzen, Tiere und Menschen.

Ein Infusionstierchen entsteht und vergeht binnen wenig Stunden. Während eines Tages hat es sich schon durch mehrere Geschlechtsfolgen hindurch weiter verwandelt. Ein Kraut, eine Fliege, ein Schmetterling beginnen mit dem Frühling ihr Dasein und schließen es nach einigen Wochen, Samenkörner und Eier oder Puppen für die folgenden Jahrgänge zurücklassend. Eichbaum und Tanne sehen Menschengeschlechter an sich vorüberziehen, sehen sie heranwachsen und wieder sterben, ehe sie ihr Leben vom Keimen bis zum Sturz durch Altersschwäche beschließen. — Zählt das Leben der kleinsten Tiere nach Minuten und Stunden, das der Kräuter und Insekten nach Wochen, jenes der Menschen nach Jahren, so zählt das Leben der Berge und Gesteine nach Jahrhunderten und Jahrtausenden. Jahrtausende hindurch mögen manche Kräfte im Steine schlummern, wie das Leben im Pflanzenkorn und im Schmetterlingsei während des Winters schläft, dann aber naht dem Gestein auch ein Erwachen. Licht, Luft, Wärme, Wasser und Nachbargestein wirken auf den Felsen — er verändert sich — zeigt Lebensregungen nach seiner Art.

Nur eine verhältnismäßig kurze Zeit ist es erst her, daß die Menschen angefangen haben, auf das Leben des Gesteins zu achten. Es ist deshalb nicht zu verwundern, daß die Forscher trotz ihres unermüdlichen Eifers und ihres emsigsten Strebens viele Rätsel des Gebirges noch nicht löſten, daß sie noch gezwungen sind, durch erdachte Erklärungsweisen sich zu helfen, wo sie nicht die unmittelbare Beobachtung zu Rate ziehen konnten. Wer sah zu, als sich die Alpengebirge erhoben? Wer gab Kunde davon, wie das Land hier beschaffen war, ehe sich jene Riesendome aufbauten? Wer kennt ihr Alter, ihre Erlebnisse, seit sie hier thronen?

Siehe dir das Gestein genau an! Den glänzenden Glimmer findest du in dünnsten Blattlagen dicht übereinander gelegt und miteinander verbunden. Dazwischen bemerkst du winzige Körnchen von Quarz (Kiesel). An manchen Stücken scheint der Quarz gänzlich zu fehlen, nur Glimmerblättchen sind sichtbar. Es kommen aber auch Stücke vor, in denen der Quarz sich zu ansehnlich großen Knollen gesammelt hat.

In den Gneislagen zwischen Glimmerschieferfelsen sind ganz dieselben Bestandteile in ähnlicher Weise schieferig aneinander gefügt, nur tritt hier zum Quarz auch noch rötlicher Feldspat. Würden diese drei Mineralien: Glimmer, Quarz und Feldspat, ziemlich gleichmäßig vereinigt sein und das blätterige Gefüge deshalb mehr körnig erscheinen, so würde das Gestein als Granit bezeichnet werden. Es läßt sich eine Stufenleiter aufstellen, die alle Übergänge vom Granit zum Gneis und von diesem zum Glimmerschiefer nachweist. Granit fehlt in diesem Teile des Alpengebirges, nur Gneis und Glimmerschiefer sind vorhanden. Sie sind es, welche selbst die Bergesspitzen bis zu 3430 m Höhe aufbauen.

Über die Entstehungsweise dieser Gebirge haben die Forscher zweierlei verschiedene Erklärungsweisen versucht, die ich in Kürze dir mitteile.

Die einen meinen: Granite, Gneise und Glimmerschiefer ruhten einst tief im Innern der Erde. Dort wurden sie von unterirdischen Gluten geschmolzen, und als feuerflüssiger Brei quollen sie aus Spalten der Erde. Bei ihrem Erkalten zerrissen sie in vielfach verzweigte Täler und erstarrten. Die Granite nahmen körniges Gefüge an, Gneise und Glimmerschiefer blätteriges. Andre sagen: jene drei Gesteine waren ehedem auf dem Grunde des Meeres, das hier flutete, in wagerechten Lagen aus dem Wasser abgesetzt. Ihre Bestandteile: feiner Kieselsand, Tonschlamm usw., erhärteten und begannen allmählich kristallähnliche und blätterige Formen anzunehmen. Hierzu bedurfte aber jedes Körnchen ein wenig mehr Raum. Die Gesteinschichten von mehreren hundert Meilen Länge und Breite fingen an, beim Kristallisieren sich zu dehnen. Wie feuchtes Holz sich wirft und aufquillt, so warfen auch beim Aufquellen die Gesteinschichten hohe Falten. Diese zerrissen schließlich an ihren höchsten Stellen und erhielten nicht selten wiederum Querfalten.

Je älter die Gesteine waren, je längere Zeit Regen- und Quellwasser durch sie hindurchdrangen, desto mehr veränderten sie sich auch. Die Glimmerkörnchen des Granits gruppierten sich allgemach zu Blättchen und bildeten so aus dem Granit Gneis. Der Feldspat des Gneises löste sich auf und ward durch das Wasser hinweggeführt — aus dem Gneis ward dadurch Glimmerschiefer. Dieser verwitterte auch, und schließlich zerfallen alle Gesteine an ihrer Oberfläche wieder zu Grus und Staub und Erde, die den Gräsern und Blumen im Tale, weiterhin den Wäldern und Fruchtfeldern nahrungsreichen Boden liefert.

Andre Kräfte sind es, welche die Berge emportürmten; andre, welche sie zusammenhalten; wieder andre, die an ihrer Zertrümmerung arbeiten, aber alles ist voll Leben. Du siehst den gewaltigen Felsblock, der dort oberhalb, gerade über unserm Wege, drohend hängt. Ringsum liegt zertrümmertes Gestein, das früher auch solche Blöcke bildete. Dieselben Mächte: Frost und Wärme, Sturm und Regen, welche jene zerstörten, haben auch an ihm gearbeitet.

Es sind schon manche Felsen der Alpen gestürzt, ganze Bergseiten haben sich losgelöst, haben Wälder und Hütten, Vieh und Menschen unter ihrem Schutt begraben. Diese Gesteine sind Riesen, vor deren Besiegung der Mensch schwach zurückweicht. Wohl dem, welchem die Flucht möglich ist, sobald sie sich regen. Und doch wandern jährlich Hunderte neben den hängenden drohenden Felsen ebenso unbekümmert vorbei, wie wir selbst. Die alten Steinhäupter haben so manches Jahrtausend droben gehangen, vielleicht warten sie noch mit ihrer Talfahrt, bis wir vorüber sind! Richtig, jetzt sind wir glücklich hindurch. Der Pfad steigt in gewundenen Linien aufwärts. Wir haben eine offenere Stelle erreicht und atmen freier.

Glimmerschieferstücke.

29.

Der Rofener Eissee.

An dem steileren Abhange der Zwerchwand halten wir Rast. Tief unter uns braust der Rofenbach in der engen Schlucht, welche seine trüben, tosenden Fluten in den Felsengrund nagten. Er entströmt dem Hochjochferner, dessen breites, mächtiges Ende links das Tal schließt. Andre Zuflüsse erhält er von den benachbarten Gletschern. Uns gegenüber erhebt sich links der kahle Fels des Neußberges, über diesem ragt die Spitze des Weißkogels. Etwas zur Rechten wird die Westseite des

Tales durch den Rofenberg gebildet, hinter diesem liegt der Hochvernagtferner mit seinem Gletscher.

Zwischen dem Reußberg und dem Rofenberg ist der Hochvernagtgletscher eingebettet und streckt seine Eiszunge breit und mächtig ins Rofental herein (s. Abb. auf S. 137: „Die letzten Verzweigungen des Ötztales"). Wir befinden uns ihm gerade gegenüber und sehen deutlich die zahlreichen Spalten, welche sein Ende zerreißen. Zwischen diesem Ende und dem Rofenbach ist eine Schutthalde, die ein Bild wüster Gesteinzertrümmerung bietet. Einige Schafe klettern dort über die Blöcke. Es sprießt vielleicht hier und da ein spärliches Gräschen, oder eine Gletscherweide (s. S. 108) kriecht zwischen dem Geröll dicht am Boden; aus der Ferne aber sehen wir nicht die geringste Spur vom Grün, alles erscheint als ein schmutziges Braungrau aus zerbrochenem Glimmerschiefer.

An den Seiten des Ötztales lagern mehrere Gletscher, das Fendtal hat links und rechts deren nicht weniger als 36. Im Rofentale sind ebenfalls eine ganze Anzahl vorhanden — über einige Zungen des Kreuzferners stiegen wir bereits. Der Hochjochferner erscheint uns viel mächtiger, und doch erkundigen sich die Bewohner des Fender Tales und des Ötztales bis hinunter zum Inn bei dem Wanderer nach keinem andern Gletscher als nach dem Hochvernagtgletscher — außerdem etwa noch nach dem Langentaler bei Gurgel. Mit Befriedigung sprachen die Leute in Fend davon: der Gletscher werde jetzt immer kleiner — sie meinten den Hochvernagtgletscher. Ich will dir erzählen, was es damit für eine Bewandtnis hat.

Der Hochvernagtgletscher behält nicht immer dieselbe Größe. Die Bildung des Gletschereises hängt ab von der Menge des vorhandenen Firnschnees. Es fallen nicht jedes Jahr auf dieselben Hochflächen die gleichen Schneemengen, und auch die Wärme des Sommers ist durchaus nicht immer die gleiche. Schneit es mehrere Winter hindurch reichlich auf demselben Gebiete, sind einige Sommer ebendaselbst verhältnismäßig kühl, so bleiben ganz erstaunlich große Schneemassen übrig. Wenn sich mehrere Jahre hindurch droben auf dem Firnfelde des Hochvernagtferners bedeutende Schneemassen aufgehäuft haben, so beginnt drunten die Eisbildung sich zu vermehren. Der Gletscher wird größer, breiter und dicker und schiebt sich weiter ins Tal hinab. Hier kann er nicht so rasch wegtauen, als neue Schneemassen nachdrängen. Das Eis kommt anmarschiert wie eine Armee. So sind Nachrichten vorhanden, daß der Gletscher schon im Jahre 1590 bis zum Rofener Bache herangewachsen war, dann wieder sich zurückgezogen hat, 1678 und 1680 abermals zunahm, 1771 desgleichen. Im Jahre 1841 war er so weit abgeschmolzen, daß sein Ende zwei Stunden Weges von dem Rofenbache entfernt war. Da begann im Jahre 1842 das Eis sich zu vermehren. Die Zunge des Hochvernagtgletschers rückte vor in einer Breite von 1250 m, fast eine Viertelstunde Wegs. Dabei hatte sie eine Dicke von 156 m, d. h. noch um eine Kirchturmhöhe mehr als die Höhe der großen Cheops-Pyramide. Das Vorrücken nahm zu bis zum Jahre 1845. Anfänglich betrug die Verlängerung während eines Tages nur etwa 2 m, allmählich nahm die Schnelligkeit aber so zu, daß der Gletscher in einem Tage 12 m weiter rückte, ja zuletzt schob er sich sogar in einer Stunde 2 m weiter, so daß man die Bewegung des Eises am 1. Juni mit bloßem Auge bemerken konnte. Er erreichte die Zwerchwand, schob sich an dieser empor und zerbarst dabei in zahllose Stücke, die rückwärts wieder auf das nachfolgende Eis herabstürzten. Es war ein furchtbares Arbeiten in den Eismassen, ein ununterbrochenes Krachen und Knallen, als ob Kanonen gelöst würden. Die Schlucht des Rofenbaches ward versperrt, das Wasser staute sich zu einem See auf, der fast 156 m tief ward, also ziemlich so tief wie die Nordsee. Vierzehn Tage lang sammelte sich das Wasser an und erfüllte den ganzen hinteren Teil des Tales. Man schätzte die Wassermenge auf etwa 73 Millionen Kubikfuß. Das Wasser zernagte währenddessen den zerklüfteten, mürben Eiswall; endlich am 14. Juni 1845 brach es durch, sprengte die morsche Eiswand in Trümmer und stürzte mit entsetzlicher Gewalt in das Tal hinab. Eisblöcke und Gesteine wurden mit fortgerissen, und der Wasserberg wälzte sich unter schrecklichem Donnern und Brausen das Rofental, Fendtal und Ötztal hinunter. Was die Fluten erreichten, zerstörten sie. Brücken, Häuser und Bäume wurden hinweggerissen, Steine und Schuttgerölle überdeckten die tiefer gelegenen Wiesenflächen. Wir haben noch jetzt mehrfach bei unsrer Wanderung die Spuren jenes Verwüstungsgreuels gesehen, so bei Winterstall, Sölden, Hube usw. Die Bewohner der Täler flüchteten nach den Bergen, doch ging manches Menschenleben verloren. Noch größer waren die Verluste an Vieh. Sogar der Inn wuchs von der Sturzflut an und überschwemmte mehrere Straßen von Innsbruck. Binnen einer Stunde entleerte sich der ganze

Eissee und hinterließ auf seinem Wege weiter nichts als Schutt und Trümmer. Welch eine Menge Gestein mag eine solche 156 m hohe Wasserwelle mit einem Male in die Täler hinabwälzen!

Der Gletscher hatte aber seine Jahresarbeit noch nicht beendet, es war nur eine untere Spitze hinweggerissen, droben hatte sein Eis eine Dicke von etwa 300 m und drängte ununterbrochen nach. Das Tal ward abermals versperrt, der Bach wiederum aufgestaut und neue Ausbrüche des entstandenen Eissees erfolgten am 31. Januar 1846, am 11. Februar, am 22. und 24. Mai, am 10. Oktober 1846, dann am 25. Mai und 13. Juni 1847.

Seit jener Zeit hat der Gletscher seine Arbeit wieder verändert. Das Abschmelzen beträgt gegenwärtig mehr als sein Zuwachs. Er wird von Jahr zu Jahr kleiner und ist jetzt ein gutes Stück vom Bache entfernt.

Die Verwüstungen, welche jenes Durchbrechen des Rofener Eissees angerichtet hatte, waren so bedeutend, daß die Landesregierung kundige Männer hierher sendete, um an Ort und Stelle die Sache zu untersuchen und zu überlegen, ob nicht vielleicht Mittel sich anwenden ließen, durch welche ähnlichen Unglücksfällen vorgebeugt werden könne. Der einzige Rat, den sie zu geben wußten, war der, daß man über den Rofenbach sogenannte Galerien bauen, d. h. ihn überwölben müsse, damit er auch dann noch ungehindert Abfluß finden könne, wenn der Gletscher sich über ihn wieder einmal hinwegschöbe. Gegen den Gletscher selbst sind Menschenkräfte zu schwach. Was sollen selbst Kanonen oder Pulversprengungen gegen eine Eismasse wirken, die in einer Drittelstunde Breite und bei 156 m Dicke unaufhaltsam anrückt und Felsblöcke wie Staubkörner zur Seite schiebt? Bei der großen Breite des Stückes, das überbaut werden müßte, ist ein solcher Vorschlag aber nicht so leicht ausgeführt. Es würde ganz bedeutende Geldmittel und zahlreiche Arbeitskräfte erfordern, um einen derartigen Kanal herzustellen. Wir sehen denn auch nicht, daß damit begonnen worden wäre, und wenn nach einer Reihe von Jahren der Gletscher etwa wieder wachsen sollte, wie es ganz wahrscheinlich ist, so wird sich abermals ein neuer Eissee hier bilden und die Bewohner der Täler von neuem bedrohen! Es bleibt den Leuten schließlich nichts weiter übrig, als auf Rettung ihres Lebens und Gutes bedacht zu sein. In dem benachbarten Gurgeler Tale hat der Langentaler Gletscher ebenfalls einen Eissee gebildet. Dieser setzte bei seinem Entstehen im Jahre 1718 die Bewohner des Gurgeler Tales so in Schrecken, daß sie hinauf wallfahrteten und droben am Gletscher Gottesdienst hielten, um von Gott Schutz gegen die drohende Gefahr zu flehen. Der Verlauf der Sache war hier aber ein viel günstigerer als im Rofener Tale. Das Eis war hier fester und widerstand dem Wasserdruck, bis das Wasser sich einen Kanal durch den Eiswall genagt hatte und durch diesen seinen Überfluß in ruhiger Weise entleerte, ohne dem Tale verderblich zu werden. Es fließt dort stets soviel Wasser ab, als zuströmt, und wenn auch von den benachbarten Gletschern mitunter haushohe Eisblöcke sich lösen, in den See stürzen und dort umherschwimmen, so gewährt dies zwar dem staunenden Wanderer einen Anblick, der ihn an die Polarsee erinnert, es flößt dies aber den Talbewohnern jetzt keine Furcht mehr ein.

Krautartige Gletscherweide. (Natürl. Größe.)

Alpen-Drottelblume. (Natürl. Gr.)

30.

Das Gärtchen im Schnee.

Auf dem Kamme des Hochgebirges wohnen greuliche Unholde — erzählt das Märchen — furchtbare Riesen, die ein besonderes Vergnügen darin finden, alles zu zerstören. Schaue dich um: hier drohen verwitterte Felsblöcke und neigen sich zum Niedersturze, dort lagern die Eismassen der Gletscher stundenweit, sie schleichen kriechend wie Dämonen in den Schluchten hinab und schieben Felsen vor sich her. Weiterhin breiten sich meilenlange Firnfelder, mit hohem Schnee überlagert. Der nächste Sturm wird den lockeren Staubschnee aufraffen, zu einem wilden Knäuel emporwirbeln und vielleicht gerade hier als Staublawine niederschleudern, wo wir jetzt stehen. Hier hat der Winter sein ewiges Reich! Wer wagt den Kampf mit zerschmetternden Felsenstürzen, mit Gletschereis, mit Schnee und Wirbelsturm, dem bitteren Nachtfrost und dem unendlichen Winter?

Siehe, hier die Blümchen nehmen den Kampf mit allen jenen grimmen Unholden auf. Sie erscheinen uns wie freundliche kleine Elfen. Sie schauen hervor wie liebliche Kinderköpfchen mit lächelnden Rosengesichtchen und neckischen Augen. Sie schmeicheln den finsteren Unholden mit Sanftmut und Freundlichkeit die Waffen aus den ungeschlachten Händen und gewinnen selbst ihren starren, wilden Gesichtern noch ein Lächeln ab.

Setze dich nieder zwischen den wunderniedlichen Alpenglöckchen, den purpurblauen Drottelblumen, und frage sie, wie sie es möglich machen, im Kampfe mit den Riesengeschlechtern ringsum Sieger zu bleiben. Du kannst von ihnen lernen! — In irgend einem fernen Felstal reifte vielleicht das Samenkorn, aus dem das Blümchen erwuchs! Möglicherweise raffte es einst vor Jahren dort ein Sturm auf, wickelte es ein in Berge von Schnee und trieb es hierher. „Das wilde Heer hält seinen Umzug!" sagten die Talbewohner, „die bösen Geister sind auf der wilden Jagd!" Der Wind heulte in dem Geklüft, daß es wie Klagegestöhn, Weherufe und Todesseufzer klang. Da ward das einzige kleine Samenkorn mit entführt, dort in haushohen Schnee gebettet, hier auf die Felsplatte geworfen. Der wüste Schneesturm tat ihm kein Leid. Er trug es durch die Luft und brachte es zu einem neuen Wohnplatz.

Der Schnee schmolz, das Körnchen gelangte zur Erde, die rinnenden Tropfen tränkten es; es keimte und trieb seine Wurzeln hinein in den verwitterten Grund. Der Sommer währt sehr kurze Zeit oben neben den Gletschern. Nur wenige Wochen sind einzelne Stellen des Bodens schneefrei. Manchen Sommer bleibt solch ein Alpenblümchen vielleicht gänzlich vom Schnee bedeckt und hat dann eine lange, lange Nacht. Es kann schlafen bis nächstes Jahr, wartend, bis der warme Föhnwind die weiße Decke weiter abschmilzt und der freundliche Sonnenstrahl die kleine Keimknospe küßt.

Dann ist aber das Pflänzchen auch desto fleißiger. Noch ist der Schnee nicht gänzlich verschwunden, er umgibt es wie eine kristallene Grotte gebaut aus Silber und Diamanten — da entfaltet es die kleinen runden Blätter, die nicht viel größer sind als eine Linse. Und zwischen den Blattwinkeln legt es sofort neue Knospen fürs nächste Jahr an: Blattknospen, und wenn das Wetter sehr günstig ist, Blütenknospen. Die Arbeit, welche die Blumen im Tieflande in einem einzigen Sommer vollenden können, muß sich das Alpenglöckchen auf mehrere Jahre verteilen. Es darf sich's nicht verdrießen lassen, wenn mitten im Wachsen über Nacht neuer Schnee fällt oder ein scharfer Frost „Halt!" kommandiert, wie ein feindlicher Feldherr.

Beharrlich hält das Blümchen aber aus, und endlich kommt ihm doch einmal die günstige Zeit; es blüht! Und welch reizende Blume entfaltet es! Aus dem Kreise der zierlichen dunkelgrünen Blättchen am Boden streckt es fadendünn ein Stengelchen empor, nicht viel länger als ein Fingerglied. Nur ein paar kleine Blattschuppen sitzen daran, aber an seiner Spitze hängt ein Glöckchen bezaubernd schön! Aus dem fünfteiligen Kelche streckt sich die purpurblaue Röhre und zerspaltet sich in fünf zart geschnittene Teile. Es erscheint so fein und prächtig, als hätte ein Künstler sein Meisterstück daran zeigen wollen. Eben so schön schauen drinnen die fünf Staubgefäße heraus.

Ob das Blümchen auch diesmal bis zum Reifen des Samens verschont bleiben wird? Wer mag das wissen! Schon die nächste Nacht kann es wieder in hohem Schnee begraben. Das Kräutchen legt aber zugleich auch wieder neue Blatt- und Blütenknospen drunten zwischen den Blättern an. Wird ihm die Blüte dieses Jahr zerstört, so gelingt es vielleicht im folgenden Sommer, oder im dritten, bis zum Reifen der Samenkörnchen auszudauern. Und wenn es gelingt, dann können abermals Samenkörner des Alpenglöckchens durch den Sturmwind sich nach andern Felsplatten des Gebirges tragen lassen, die noch kahl und unfreundlich daliegen. Oder sie können auf dem zerrinnenden Schnee ein Stück weiter talwärts wallfahrten und die kleinen Täler zwischen den Klippen schmücken helfen.

Klebrig. Himmelschlüssel. (Speik, nat. Gr.)

Ganz in ähnlicher Weise, wie das Trottelblümchen verfährt, treiben es auch seine Genossen im Gärtchen dieser Schneefelder. Sie bilden zahlreiche Knospen und Zweige dicht am Boden und verlassen sich nicht auf die Samenreife eines einzigen Sommers. So stellen sie alle dichte Polster dar, welche den Felsgrund überziehen. Die Blütenstielchen lassen sie meist kurz, dafür entfalten sie aber die Blumenkronen desto größer und leuchten in den herrlichsten Farben. So sind gleich neben uns Schnee-Enzian, Frühlings-Enzian und stengelloser Enzian, alle drei im wonnigsten Himmelblau. Alpen-Ehrenpreis und maßliebenblätteriger Ehrenpreis stehen mit kleineren, ebenfalls blauen Blüten dazwischen. Große gelbe Blumen zeigt Bergnelkenwurz und das großblumige Fingerkraut. Weiß blühen die Bärwurz, der Gletscher-Hahnenfuß, die kleinen Lärchennelken und Hornkräuter, das resedenblätterige Schaumkraut und der dunkelkelchige Doranth. Steinbrecharten sind hier in verschiedenen Farben dicht nebeneinander: mit weißen Blumen ist ein dichter Rasen von moosähnlichem Steinbrech zur Linken, rechts hast du den gelbblühenden immergrünen Steinbrech, dann auf dem kleinen Felsgesims nebenan einen wonnigen Teppich von rotblühendem Steinbrech mit ganz kleinen, zu zwei gegenüberstehenden Blättern. Eben so schön wie der Purpurrasen des Steinbrech leuchten auch große Strecken von unzähligen Blumen der stengellosen Silene. Über das kleine Geröll schauen die Köpfchen des duftenden Speik, einer purpurfarbigen Primel, und neben ihnen hellblaue des Rapunzels.

Wir pflücken uns ein reizendes Sträußchen — siehe da, auch eine Weide, die sich zu den Blumen gesellt hat! Ihre Zweige sind nicht länger als ein Fingerglied, ihre Blättchen ähnlich den Preißelbeerblättern — so bildet sie auch, wie's bei den Hochalpenblumen Gebrauch ist, einen Rasen, etwa so groß wie ein halber Tisch, und schaut mit ihren Samenkätzchen zwischen den kleinen Blättern hervor, als wären die Blumen aus Seide. Wir hätten es nimmer für eine Weide gehalten, wenn nicht eben jene Samenstände es deutlich zeigten (s. S. 108).

Halbkugelige Rapunzel. (Natürl. Gr.)

Auch ein paar Arten von Gräsern und Moos fügen wir unserm Alpsträußchen bei.

Aber wenn wir wieder heim kommen, dann wollen wir in unserm Garten daheim auch einen kleinen Alpengarten uns anlegen an der schattigen Stelle, die nur in den frühesten Tagesstunden ein wenig Sonne erhält. Tuffsteine und andere Gesteine sollen uns helfen Felsen bauen. Die Blümchen setzen wir in kleinen Töpfchen dazwischen und halten sie stets etwas feucht. Der Gärtner hat glücklicherweise schon manches der reizenden Alpenblümchen an das Leben im Tieflande gewöhnt; er wird uns eine Anzahl davon ablassen. So pflanzen wir den stengellosen Enzian und das Drottelblümchen, dann die schöne Aurikel und das Alpengänsekraut, auch den einen oder andern Steinbrech dazu. Als Gebüsch kommt dann eine Alpenrose oder eine Azalee, und sei es auch eine ausländische, da diese sich besser fortbringen lassen als unsre deutschen. Ebenso fügen wir freundliches Alpenvergißmeinnicht hinzu und großblumige Veilchen. Haben wir dann bei der Pflege dieses Alpengärtchens ebensoviel Ausdauer wie die Blümchen, so werden sie uns zu einem lebendigen Gedenkstrauß und rufen uns alle jene Herrlichkeiten ins Gedächtnis zurück, welche neben seinen Schrecken und Gefahren das Hochgebirge dem Wanderer zeigt.

31.

Schneevögel.

(Schneehühner und Schneefinken.)

Zwischen den ewigen Schneefeldern hoch droben auf dem Gebirge ist für kein Menschenkind eine bleibende Stätte. Es mag sich wohl zur schönen, hellen Stunde bei warmem Sonnenschein freuen über die bunten, duftenden Blümchen, die hier zwischen den Felsen noch hervorsprießen; es mag staunen über die Eislagen der Gletscher und über die hohen Schneeberge, die gleich Domen aus Alabaster und Silber weit in den schwarzblauen Himmel hineinragen — aber wohnen für immer kann es hier nicht! — Hier wächst keine Speise für den Menschen, hier gedeiht kein Baum, der Holz zur Feuerung liefert! Die grausigen Schneestürme drohen Tod; die zerrissenen Klüfte aus mürbem Gestein, die Felsstürze und Lawinen, der hohe Schnee und die Kälte treten dem Menschen als grausige Feinde entgegen, die ihm Verderben bringen.

Was dem Menschen als Ort des Schreckens erscheint, wird andern Geschöpfen zur lieben Heimat. Hier oben leben jahraus, jahrein Schneehühner und Schneefinken. Trage sie hinab ins warme fruchtbare Tal und gib ihnen die Freiheit — sie werden wieder hinauf flüchten zu Eis und Schnee und zu den wilden Klippen mit den spärlichen Pflänzchen!

Wie Rebhühner auf den Feldern des Tieflandes, so treiben es die

Schneehühner droben in den Regionen des ewigen Schnees. Sie gleichen dem Rebhuhn an Größe, sind aber kräftiger gebaut als dieses. Ihre Füße sind bis zu den Nägeln der Zehen hinab dicht in weichen Federpelz eingehüllt. Im Winter sieht das Schneehuhn weiß aus, wie frischgefallener Schnee, nur der Schwanz ist schwarz und um die Augen zieht sich ein hochroter Wulst. Du mußt ein scharfes Auge haben, wenn du es sehen willst, solange es still liegt. Unter überhängenden Steinen, im Dickicht des Krummholzes und im Alpenrosengestrüpp verkriecht es sich und liegt bei schlimmem Wetter ganz still. Fällt der Schnee hoch, so schneit es mitunter ganz ein. Manches erliegt dann freilich dem Druck der eisigen Last. Ist das Wetter wieder ruhig, so scharrt es nach Beeren, die vom Sommer übrig blieben, und speist Knospen dazu als Gemüse. Auch Puppen von Schmetterlingen und Fliegen, Eier von Spinnen und kleine Käfer, die sich im Moos versteckt haben, werden herausgescharrt und verzehrt; sie bilden die Zukost, die freilich während des Winters oft knapp ist.

Räumt aber der warme Wind den Schnee weg, donnern die dicken Lagen als Lawinen zu Tale oder zerfließen zu Wasser — so beginnt auch für das Volk der Schneehühner nach langem Fasten eine gute Zeit. Allenthalben sprießt junges Grün. Allenthalben regt sich's von kleinem Getier: die Fliegen schlüpfen aus ihren Tonnen, die Spinnen laufen über das Moos, Käfer ziehen auf die Jagd, und Schnecken kriechen aus ihren Verstecken hervor. Es ist dann ein reicher Tisch für die Hühner gedeckt.

Sowie die Farbe des Bodens sich ändert, wechselt auch das Gefieder der Schneehühner. Die weißen Federn fallen aus und braune, mit schwarzen und weißen Strichen, wachsen nach. In kurzer Zeit gleicht des Schneehuhns Aussehen völlig einem graubraunen Stein.

Im sicheren Versteck scharrt das alte Schneehuhn ein Grübchen in den Grund, füttert's ein wenig mit Moos und Halmen aus und legt seine Eier hinein. Es hat deren 7—17 Stück von gelblichweißer Farbe, mit schwarzbraunen Punkten betüpfelt. Die kleinen Küchlein haben beim Ausschlüpfen dichten Flaum, ähnlich wie die Küchlein der Haushühner. Sie folgen der Mutter auch ganz so wie die jungen Hühnchen der Glucke. Es droht ihnen manche Gefahr, selbst droben zwischen Schnee und Geklüft. Fuchs und Wiesel versteigen sich gelegentlich auch dort hinauf und noch schlimmer sind die Adler für sie. Vom ersten Tage an müssen sie deshalb darauf achten, ob irgendwo sich etwas Verdächtiges zeigt. Sie müssen lernen, sich zwischen das Gestein und niedere Gestrüpp zu verkriechen, so daß der Feind sie nicht finden kann.

Wird das Schneehuhn mit seinen Jungen von einem Menschen überrascht, so lockt es die Kleinen unter die Flügel, läuft rasch nach dem Gebüsch und Geklüft und währenddessen huscht ein Küchlein nach dem andern hervor und kriecht in ein passendes Schlupfloch, liegt mäuschenstill und rührt sich nicht. Erst wenn alle geborgen sind, schwirrt die alte Henne über die Schlucht davon und verschwindet drüben hinter den Klippen. Scheint nach einer Weile alles ruhig und sicher, so fliegt die alte Henne wieder herzu und lockt mit leisem Rufe die verborgenen Kleinen. Sie kennen die Stimme der Mutter, und eins nach dem andern kommt wieder herbei. Unermüdlich wandert die kleine Familie über die Gehänge und die kräuterreichen Felsgesimse. Hier wird eine Schmetterlingsraupe vom Blatte des Kreuzkrautes abgelesen, dort eine andre vom Veilchenstock. Nun wird ein Käfer verspeist, der eben an den Zweigen des Alpenröschens entlang spaziert, jetzt eine Schnecke, welche an saftigen Grasspitzen naschte. Es ist fast, als seien die Schneehühner die Gärtnerburschen und hätten die Aufsicht zu führen über die Gärtchen im Schnee, damit der Insekten nicht zu viele werden und Blumen und Sträuchlein nicht verderben.

Der Schneefink hilft den Schneehühnern bei ihrem Wächtergeschäft. Er hat sein Nest ebenfalls hoch droben in den Felsspalten des höchsten Gebietes. Dort baut er es künstlich aus Wollenflöckchen, welche die Schafe im Hochgebirge verloren, aus den Federn der Schneehühner und aus dürren Grasblättchen. Der Schneefink füttert seine Jungen fast nur mit kleinen Insekten, die er von den Kräutern der Alpenmatten zusammenliest. Er schnappt auch die Fliegen und Schmetterlinge hinweg, welche der Wind aus dem Tale gelegentlich mit hinaufbringt. Erst wenn die Finken groß geworden sind, lesen sie Samen und Körnchen zusammen und nähren sich auch davon im Winter.

Schneehühner und Schneefinken unterliegen freilich mitunter dem Frost und dem hohen Schnee, wenn diese zu lange anhalten und ihnen die Nahrung verdecken, aber doch bleibt stets noch eine hinreichende Anzahl übrig, um die Pflänzchen des Hochgebirges zu schützen und die felsigen Einöden zu beleben.

Rast auf dem Gletscher.

32.

Eine Gletscherwanderung.

Hermann an seinen Bruder Karl.

Lieber Karl!

Einen Weg wie gestern habe ich mein Lebtag noch nicht gemacht. Wir sind über den Hochjochferner gegangen, welcher zwei Stunden lang und eine Stunde breit ist. Lauter Eis und Schnee mitten im Sommer.

Früh um 4 Uhr waren wir von Fend fortgegangen und im Regen bis Rofen gewandert. Hier warteten wir bis 7 Uhr, da ward das Wetter besser, und wir stiegen nun immer bergauf im Rofener Tale bis halb elf. Jetzt kamen wir an den Hochjochferner. An dem unteren Ende des Gletschers kann man nicht gut hinaufsteigen. Es liegen dort zu viele Steine umher, die der Gletscher hinabgeschoben hat. Dann ist auch das Eis meist sehr zerklüftet und steigt steil empor. Wir waren deshalb links am Berge hinaufgeklettert und ruhten erst ein wenig aus, ehe wir den Gletscher betraten.

Nun ging der Marsch an. Auf dem Gletscher hatte es tüchtig geschneit. An manchen Stellen fielen wir bis an die Kniee in den Schnee. Das Gletschereis hat hier und da tiefe und breite Spalten. Diese werden, wenn es schneit, vom Schnee zugeweht. Wer darauf tritt, bricht durch und stürzt in die Eiskluft, so tief wie ein Turm. Unser

Führer ging voran. Ich trat genau in seine Fußstapfen, Schritt für Schritt, und hinter mir kam der Vater. Die Sonne schien heiß, und der Schnee blendete sehr die Augen. Der Neuschnee taute tüchtig zusammen; allenthalben liefen klare Bäche und stürzten in die Eisspalten hinunter. Man hörte ringsum Rieseln und Brausen. An den Seiten dieser Eisbäche war der Schnee vom Wasser abgefressen und wieder zu Eiszapfen gefroren. Das sah allerliebst aus, gerade wie Zuckergebackenes vom Konditor. Allein es hieß aufpassen! Einmal trat ich nur ein klein wenig seitwärts, gleich stak ich bis an das Knie mit dem rechten Beine in einer verschneiten Spalte und in eiskaltem Wasser.

Dann mußten wir über mehrere Eisspalten springen. Eine davon war so breit wie ein Tisch. Da ist es gut, wenn man beim Turnen tüchtig springen gelernt hat. Der lange Bergstock mit der scharfen Eisenspitze hilft sehr dabei. Weiterhin hörten allmählich die Spalten auf.

Nach einer guten Weile begegnete uns ein Mann, der von der andern Seite herüberkam, und unser Führer benutzte dessen Fußspur, um danach weiter zu gehen, denn einen eigentlichen Weg gibt es auf dem Gletscher nicht. Wer darüber gehen will, muß genau wissen, wo die wenigsten und kleinsten Spalten sind. Es entstehen am Gletscherrande immer neue Spalten, und manche alte gefrieren wieder zu. Der Führer muß also auch immer aufpassen.

Jetzt sahen wir sogar Gletschertische. Dies sind Steinblöcke, welche auf den Gletscher von den Bergen herabgefallen sind. Das Eis taut rund um die Steine weg, unter ihnen bleibt es aber wie ein schiefer Fuß stehen und ist mitunter gerade wie ein Stiel; der Stein darauf sieht aus wie ein großer Pilz.

Wir waren schon eine halbe Stunde gegangen und wurden sehr müde. Wenn wir zurücksahen, so bemerkten wir nur ein so kleines Stück vom Gletscher hinter uns, als ob wir erst 5 Minuten gegangen wären. Vor uns sahen wir auch nur ein solch kleines Stück. Nach einer Viertelstunde sah es vor und hinter uns gerade noch so aus, und nach abermals einer Viertelstunde immer noch. Es war, als ob wir gar nicht von der Stelle kämen. Links vor uns war der Finailspitz bis oben hinauf mit Schnee bedeckt; nur an einer Stelle schauten Felsen heraus. Er stieg noch mehr als 300 m höher. Rechts neben dem Gletscher erhob sich der Neußberg. Auf diesem war kein Schnee, nur kahler Felsen.

Nach anderthalb Stunden waren wir sehr müde und machten Halt, um auszuruhen. Der Führer legte sich gleich auf den Schnee. Ich setzte mich auf einen Stein, der auf dem Gletscher lag. Wir aßen Schinken und Brot und tranken Wein dazu. Der Führer holte von einem Gletscherbache Wasser und mischte es mit dem Weine, denn wir waren sehr durstig. Die Luft ist hoch droben auf dem Gebirge sehr trocken und macht sehr durstig, mir ist von der trockenen Luft die ganze Haut im Gesicht aufgesprungen. Nachher haben mir auch die Augen von dem Schneeglanze ein paar Stunden recht wehe getan, da wir keine blauen Schneebrillen vor den Augen und keine blauen Schleier vor dem Gesicht hatten, wie es manche Reisende tun. Gegen das Aufreißen der Haut bestreichen sich manche auch das Gesicht mit einem Brei aus Schießpulver. Wir machten aber keine schwarzen Männer aus uns, sondern ich habe auf einem Gletschertisch einen Schneemann geformt. Eine Zigarre konnte dieser aber nicht bekommen, denn hier war kein Holz. Wir waren auf der höchsten Stelle des Ferners, auf dem Hochjoch, 2000 m über dem Meere. Ein Joch ist ein Gebirgsteil, welcher zwei größere Bergspitzen miteinander verbindet. Man nennt eine solche Stelle einen Paß, wenn man ihn benutzt, um darüber hinweg nach dem Tale auf der andern Seite zu kommen. Von Fend aus führen nur zwei Wege nach dem Schnalser Tale hinüber, der eine durch das Rofener Tal über das Niederjoch. Die Gletscher haben dort mehr Spalten, der ganze Weg soll steiler und viel gefährlicher sein. Wir hatten deshalb den Pfad über das Hochjoch gewählt.

Unser Lagerplatz war dicht am Neußberg. Ein großer Raubvogel kam durch die Luft geflogen und setzte sich auf einen Felsen des Neußberges. Der Himmel sah ganz dunkelblau aus. Wir konnten nicht erkennen, ob der Raubvogel ein Steinadler oder ein Lämmergeier war; die Leute hier nennen jeden großen Raubvogel einen Geier. Er spähte wahrscheinlich nach den Schafen, die wir im Rofener Tale dicht am Gletscher gesehen hatten. Unser Führer pfiff laut auf dem Finger, und der Vogel flog wieder auf und davon.

Der Finailspitz zur Linken schien von hier aus nicht mehr weit zu sein, wir waren aber so müde, daß wir gar keine Lust hatten, hinauf zu steigen. Es soll nicht mehr schwer sein, hinauf zu kommen, ein paar Stunden klettern sind aber doch dazu nötig. Wir hatten von unserm Lagerplatz aus noch einige Stunden Marsch talab vor uns.

Besteigung einer Alpenspitze. (Montblanc.)

Die meisten Spitzen der Alpen sind sehr schwer zu ersteigen, ja auf manche ist noch kein Mensch hinaufgekommen. Der Führer war auf mehreren hohen Spitzen gewesen und erzählte uns davon, wie gefährlich es manchmal sei, hinaufzukommen. Wenn z. B. ein Reisender die Spitze des Montblanc besteigen will, so muß er vier Führer mitnehmen, das ist Vorschrift. Dann braucht er noch fünf Träger zu den Lebensmitteln und andern Sachen. Sie brauchen drei Tage Zeit dazu und müssen auf dem Schnee über Nacht bleiben, also auch Decken mitnehmen. Droben liegt der Schnee mitunter sehr hoch und bildet steile Wände. Dann wieder kommen Eiswände und Felsklüfte. Die Leute müssen Stufen ins Eis hauen, Leitern zum Hinaufsteigen mitnehmen und Seile zum Hinaufziehen und Hinablassen. Manchmal müssen sie auf einer schmalen Kante aus Eis oder Felsen entlang gehen oder sich darauf setzen und reiten. Die Schneewände sind aber das schlimmste. Sie brechen leicht los, wenn die Leute darauf treten, und kommen ins Rutschen. Es ist schon mancher Bergsteiger mit dem Schnee in die Tiefe hinabgestürzt und nie wieder aufgefunden worden. Einem Reisenden, der den Montblanc besteigen will, kostet die ganze Geschichte gegen 900 Frank oder 700 Mark. Dabei darf er weder müde noch schwindelig werden. Kommen Nebel und Unwetter heran, so muß die ganze Gesellschaft wieder umkehren, mitunter nicht weit vom Ziele.

Wir hatten keine Lust, eine solche Bergspitze zu besteigen, auch nicht einmal die Finailspitze. Von dort oben soll man aber weit über die Schneefelder, Gletscher und Berge sehen können, zugleich auch nach den schönen Tälern in Südtirol. Von unserm Lagerplatze aus sahen wir auch schon viel Schnee und eine ganze Anzahl weißer Bergspitzen.

Nach einer halben Stunde Rast wateten wir durch hohen Schnee weiter. Hier waren aber auch keine Spalten und auch keine Gletscherbäche mehr. Es ging jetzt viel besser als im Anfange. Der Weg wurde etwas abschüssig und das Ende sogar höchst lustig. Da, wo der Hochjochferner nach Süden ins Schnalser Tal endigt, geht es steilab hinunter! Es lag aber Schnee, der unten fest war und oben etwas mürbe. Hier fuhren wir rasch hinunter, als ob wir auf einem Schlitten säßen. Der Schnee sprühte links und rechts umher. Der Führer rutschte voran und wir zwei hintennach. Mit den Stöcken hemmten wir ein. Es war eine köstliche Partie. Schade daß Du nicht mit Albert dabei warst. So etwas habt Ihr zu Hause auch im Winter nicht gehabt.

Wir waren am Ende aber doch froh, als wir wieder festen Grund unter den Füßen hatten, statt nassen Schnee. Eine Weile marschierten wir in einem schmalen Tale, einem rauschenden Bache entlang, abwärts. An einer Stelle bildete letzterer einen sehr hohen Wasserfall. Endlich kamen wir zu einem Bauernhofe, Kofler, tranken Kaffee und bekamen einen großen Teller mit kleinen gerösteten Brotstückchen dazu.

Gegen Abend erreichten wir den Ort „Unser lieben Frauen" im Schnalser Tal. Ich war aber so müde, daß ich mich gleich zu Bett legte und einschlief, ohne Abendbrot zu essen. Wir fragten, was wir rasch erhalten könnten. Man antwortete: „Kalbsbraten!" Nachher erfuhren wir, daß das Kalb noch im Hofe herumlief und erst geschlachtet wurde. Das wäre doch länger, als wir munter bleiben konnten. Die ganze Nacht träumte ich von Schneemännern und Schlittenfahrten.

Es grüßt Dich

Dein Hermann.

Abfahren auf dem Schnee.

Zerklüftetes Gletscherende. (Bossonsgletscher im Chamounnytale.)

33.

Firn und Gletscher.

Wenn es im Tale regnet, schneit es in den höheren Teilen des Gebirges, und im Winter fällt dort der Schnee 6—10 m dick, so hoch wie ein Haus. Während des Sommers taut zwar eine Menge davon weg, aber bei weitem nicht alles. Es bleibt dem Winterkönig, der dort oben residiert, immer noch eine hübsche Ersparnis übrig.

Der Schnee, welcher dort oben im Winter fällt, ist sehr fein. Er bildet keine großen weichen Flocken, wie im Niederlande, sondern Schneestaub. Er besteht aus kleinen Eisnadeln. Liegt dieser feine Schnee länger, so schmelzen durch den Sonnenschein im Sommer viele solche kleine Eiskristalle zu Körnern und Kügelchen zusammen, die unsern Graupeln oder kleinen Schloßen ähneln. Alter Schnee vom vorigen Jahre ist körnig. Die Alpenbewohner nennen ihn Firn.

Taut der Schnee in den oberen Schichten, so sickert das Wasser in die tieferen Lagen hinab. Bei Nacht gefriert es dann wieder und backt zuzusammen. Tauen und Gefrieren wechselt im Sommer ziemlich jeden

Tag. Es zeigen sich dann alle möglichen Übergänge von feinem Neuschnee, körnigem Firn und lockerem bis zum festen Eis, das auf den Spalten schön blau schimmert. Auf diese Weise entsteht aus dem Firnfeld eine Eismasse, ein Gletscher. Das Gletschereis ist nicht so dicht und fest wie die Eisdecke unserer Flüsse und Teiche. Es ist schwammiger, von Wasser durchdrungen.

Manche Firnfelder und Gletscher sind sehr groß, haben mehrere Meilen Breite und Länge. Sie füllen oft die ganzen Mulden und Räume zwischen den höheren Kuppen aus und strecken sich dann von dort aus mitunter noch tief nach den Tälern und Schluchten herab. Dabei sind sie entsprechend dick, 300 m und darüber. Du weißt, daß die Nordsee an den meisten Stellen etwa 200 m Tiefe hat. Unser Kirchturm daheim hat 62 m Höhe, fünf solcher Kirchtürme denke dir übereinander gestellt oder drei der größten Pyramiden Ägyptens aufeinander gesetzt, so hast du etwa die Dicke eines der mächtigeren Gletscher.

Je mehr Schnee auf die Schneefelder fällt und je mehr Firn und Eis sich bilden, desto weiter werden auch die Gletscher nach dem Tale herabgedrückt. An ihrem unteren Ende tauen sie fortwährend ab, von oben rücken sie ununterbrochen nach. Ein solcher Gletscher ist ähnlich wie ein Fluß, der statt Wasser wässeriges, schwammiges Eis enthält. Man hat genau ausgemessen, wie rasch das Gletschereis weiterrückt. Es ist sehr verschieden nach der Neigung des Tales, in welchem der Gletscher sich fortbewegt. In der Mitte rückt das Eis schneller vor als an den Seiten, gerade wie in einem Flusse das Wasser in der Mitte rascher strömt. Bei manchen Gletschern beträgt das Fortrücken nur einige Zentimeter während eines Tages, bei andern mehrere Meter. Kommt der breite Eisstrom an eine engere Stelle des Tales, oder an einen Punkt, an dem das Tal steiler abfällt, oder wo es durch einen vorgeschobenen Felsenriegel gesperrt ist, so drängt sich bei Hindernissen das Eis mehr zusammen, dann bewegt es sich wieder rascher, hebt und senkt sich. Dadurch zerreißt es vielfach und bildet mitunter wunderliche Figuren: Zacken, Spitzen und Eisnadeln. Ähnlich wie ein Fluß Wellen schlägt, wenn er sich durch eine Felsenge zwängt oder einen Wasserfall macht, so sehen auch die Glctscher an solchen Stellen aus, nämlich wie gefrorene Wellen und stürzende Fluten. Die Gletscherspalten reißen oft mit lautem Krachen und Knallen, und die Talbewohner sagen dann wohl aus Scherz: „Die wilden Jäger und Dämonen halten Manöver und exerzieren mit Kanonen“. Besonders häufig reißen solche Spalten auch bei Wetterveränderungen, weil sich dann das Eis, das Wasser und die Luft in verschiedener Weise ausdehnen. Die Klüfte und Spalten im Gletschereis sind manchmal sehr lang und oft bis zu 100 m tief. Die Steine, welche von den Felsen links und rechts auf den Gletscher herabfallen, rücken mit fort, sowie das Eis weiterrückt. Sie bilden gewöhnlich lange Streifen auf dem Eise (Moränen) und am Ende des Gletschers einen förmlichen Schuttwall.

Da nun der Gletscher fortwährend abtaut, so sammelt sich das Wasser an seiner Oberfläche zu kleinen Bächen; diese fressen Rinnsale ins Eis und stürzen dann in die Eisklüfte. Manchmal fallen sie auch in ein Loch des Gletschers und bilden eine sogenannte Gletschermühle. Auf manchen sehr zerrissenen Gletschern sind auch Wasserfälle im Eis. Auf dem Grunde des Gletschers sammelt sich das Wasser gewöhnlich zu einem starken Bache, der am Ende wohl durch ein weites Eistor herausströmt; bei manchen andern strömt das Wasser durch zahlreiche Klüfte und Spalten hervor.

Die sehr dicke Eismasse drückt und schabt beim Fortrücken auf dem Grunde und an den Seiten den Felsboden des Tales. Sie poliert und rundet die Steine ab. Selbst die härtesten Felswände werden wie von einer riesigen Feile geritzt und gekritzelt. Den abgelösten Staub nimmt das Wasser mit fort. Die Gletscherbäche sehen deshalb gewöhnlich ganz trübe aus, wie schmutziges Seifenwasser oder wie Milch.

Das Eis der Oberfläche ist meistens rauh; nur an manchen Stellen sind blanke, glatte Bänder und Flecken. Von den Bergen weht der Staub auf den Gletscher und schmilzt in das Eis ein, da ihn die Sonne erwärmt. Dort, wo ein Häufchen Staub zusammengeweht ist, oder ein flacher, dünner Stein liegt, wärmt die Sonne am stärksten; und es entsteht ein Loch, das sich mit Wasser füllt und manchmal ziemlich tief wird. Wanderer machen sich das Vergnügen, den Bergstock in ein solches Wasserloch hinein zu schleudern. Er springt dann wie ein Taucher wieder heraus.

Wenn ein Gletscher an einem steilen Abhange endigt, so schiebt sich sein Ende über den Abgrund hinaus und bricht stückweise ab. Eisblöcke, so groß wie ein Haus, stürzen hinunter und zersplittern. Ein solches Tal kann natürlich von niemand bewohnt werden.

Die großen Gletscher der Alpen sind die Vorratskammern, aus

denen alle größeren Flüsse des Landes selbst in den trockensten Sommern ihr Wasser erhalten; ja sie schwellen gerade zur heißesten Zeit am meisten an. Die Gletscher sind die Sparkästchen, aus denen das Tiefland zur Zeit der Trocknis Wasser erhält; sie sind die Eismeere in der Höhe, von denen die Ströme gleich Adern herab nach den Ebenen ziehen.

Das Weltmeer sendet zuletzt das empfangene Wasser wieder als Wolken zurück, und diese schütteln neuen Schnee auf die Ferner. Es ist hier ein ewiger Kreislauf, der für das ganze Land Segen bringt.

Die Gefahr beim Übergang über einen Gletscher liegt vorzugsweise in den verschneiten Klüften und Spalten. Offene Spalten können übersprungen oder umgangen werden, in überschneite dagegen bricht der Wanderer ein. Man unternimmt einen Marsch über einen nicht genau bekannten Gletscher deshalb nie allein, sondern in Gesellschaft. Sämtliche Personen knüpfen sich in gleichmäßigen Abständen an einem langen Seile fest. Der vorderste prüft mit dem Stocke den Boden, ob er sicher ist, bricht ja ein Glied der Gesellschaft in eine Spalte, so wird es durch die übrigen gehalten. Der Hochjochgletscher hat verhältnismäßig nur wenig Klüfte, und es sind deshalb auch nur wenig Unglücksfälle vorgekommen.

Man erzählt, daß am Anfang dieses Jahrhunderts eine Frau verunglückt sei, welche junge Schweine aus dem Schnalser Tale nach Rofen treiben wollte; ebenso eine Schlosser, welcher mit Schlössern von Schnals nach Fend auf dem Wege war. Die Gebeine des Mannes und die Schlösser erschienen nach 40 Jahren an einer tieferen Stelle des Gletschers wieder auf dessen Oberfläche. Im Jahre 1829 erfroren auf dem Gletscher zwei Hirtenburschen. Sie hatten Vieh aus dem Schnalser Tale nach dem Rofenberge gebracht und mußten sofort wieder zurück, ohne daß sie sich vorher hätten erholen können; sie waren jedenfalls vor Ermattung liegen geblieben. In diesem Falle trug also nicht der Gletscher, sondern die Herzlosigkeit der Menschen die Schuld.

34.

Bergschafe und Lämmergeier.

Hermann an seinen Bruder Karl.

Lieber Karl!

Da es heute regnet und wir deshalb Ruhetag halten, will ich Dir etwas von den Schafen in den Alpen erzählen.

Ich habe früher gar nicht gedacht, daß die Schafe so gut klettern können, da sie bei uns nur immer langsam auf der Wiese und den Feldern herum marschieren. Auch wußte ich nicht, daß die Leute in den Alpen Schafherden halten, denn in den Büchern findet man gewöhnlich nur von Kühen und Ziegen erzählt. Jetzt habe ich es aber im Rosener Tale selbst gesehen.

Dieses Tal ist ungefähr drei Stunden lang und liegt sehr hoch. Seine tiefste Stelle am Anfange ist schon viel höher als die Schneekoppe des Riesengebirges. Es zieht sich von da an immer höher hinauf bis zum Hochjochferner. An beiden Seiten sind hohe Berge, oben ringsum mit Schnee und Gletschern bedeckt. Manche Gletscher erstrecken sich in den Schluchten bis zum Tale hinab. Die Seiten des Tales sind meistens steil und mit losem Steingeröll bedeckt. Oft stürzen auch von oben neue Steine herunter. Zwischen den Steinen stehen hier und da einzelne Gräschen und Kräuter, nur an manchen Stellen sind hübsche Alpenblumen wie Gartenbeetchen.

In diesem Tale trafen wir viele Schafe; zuerst kamen uns drei auf dem Wege entgegen. Als ich auf sie zuging und sie streicheln wollte, liefen sie rasch an dem Bergabhange hin, daß die Steine bei jedem Tritte in die Schlucht hinab rasselten. Da hättest Du sehen sollen, wie sie springen konnten! Dann kam von oben herab ein ganzer Trupp nach dem Pfade herunter geklettert, wohl gegen zwanzig. Hier waren auch einige kleine Lämmer dabei. Die meisten Schafe sahen braun aus, ich glaube aber, daß sie wahrscheinlich von Schmutz und Erde so geworden waren, denn sie müssen des Nachts auch im Freien schlafen. Nun sahen wir im ganzen oberen Tale an beiden Seiten kleine Trupps von Schafen zerstreut, die an den Bergwänden entlang kletterten und weideten.

Manche sollen freilich auch dabei zu Tode fallen. An einer Stelle dicht am Wege hing ein Stück schwarzes Schaffell an einer Stange. Der Führer sagte: es sei aufgehängt, damit man im Nebel und bei Schneefall den schmalen Weg danach finden könnte. Es war ein sonderbarer Wegweiser.

Die kleine Schafherde lief uns ein großes Stück nach, wahrscheinlich wollten die Tiere von uns etwas zu fressen haben, etwas Brot oder Salz.

An der gegenüberliegenden Talseite sahen wir die Schäferhütte aus Steinen gebaut. Einen Schäfer oder einen Hund bemerkten wir aber nicht. Im Frühjahr werden die Tiere vom Schnalser Tale aus über den Gletscher herüber ins Rofener Tal getrieben und bleiben die meiste Zeit über allein. Sie leben hier halbwild. Fortlaufen können sie nicht, denn ringsum sind Schneefelder und Gletscher, über diese gehen sie nicht, wenn sie nicht dazu durch die Menschen gezwungen werden. Unten am Eingange des Tales liegen die Bauernhäuser, denen die Schafweide gehört. Mitunter geht ein Schäfer ins Tal hinauf und sieht nach, ob die Tiere noch alle wohl und gesund vorhanden sind. Er gibt ihnen dann etwas Salz zu lecken, um sie an sich zu gewöhnen; ist ein Schaf totgefallen, so zieht er ihm das Fell ab und nimmt das Fleisch mit, wenn es noch brauchbar ist. Im Herbste treibt er sie nach Hause. Diebe, welche die Schafe stehlen, gibt es hier nicht.

Auf einem hohen Felsen sahen wir einen Raubvogel sitzen, der nach den Schafen herabspähte. Es war wahrscheinlich ein Steinadler. Auch der Lämmergeier macht Jagd auf die Schafe und hat davon seinen Namen erhalten. Die Adler stoßen hoch aus der Luft auf die Lämmer herab, packen sie mit den Klauen und tragen sie durch die Luft davon nach ihrem Neste, wenn sie Junge haben, oder auf einen sicheren Felsen. Dort verzehren sie ihre Beute.

Der Lämmergeier frißt auch die Knochen mit und verdaut sie. Selbst alte Schafe werden von den Raubvögeln manchmal angefallen,

Des Lämmergeiers Angriff.

wenn sie am Rande eines Abgrundes klettern. Der Lämmergeier sucht sie dann in die Schlucht hinunter zu stoßen, um sie zu töten.

Im Ötztale sahen wir bei Umhausen einen steilen Felsen, der die Engelswand heißt. Früher soll einmal ein Raubvogel bei Umhausen ein Kind gestohlen und auf jenen Felsen getragen haben, um es zu verzehren. Doch ist das Kind damals noch gerettet worden. Sogar Hirten und Jäger müssen auf ihrer Hut sein, wenn sie an den Abgründen klettern, daß sie nicht durch Adler oder Lämmergeier überfallen werden. Ein Adler schleuderte einstmals einen Hirtenknaben in den Abgrund, nicht weit von der Sennhütte, ohne daß die Männer, welche nur wenige Schritt davon standen, ihm hätten helfen können. Ein andermal stieß ein Adler auf ein Lämmchen. Dies flüchtete sich in das dichte Knieholz, der Adler geriet dabei auch ins Gehölz, und der Hirtenknabe hämmerte mit seinem Bergstocke so lange auf den Vogel los, bis er ihn erschlagen hatte.

Die Alpenbewohner benutzen die höchsten und abgelegensten Täler zur Schafweide, mitunter sogar solche Täler oder Felsen, welche zwischen Gletscher und Firnfeldern liegen. Es kostet dann nicht selten viel Mühe, die Schafe dorthin zu schaffen. Man nimmt Bretter mit und macht ihnen Brücken über Eisspalten. Es kommt sogar vor, daß man die Schafe einzeln an Seilen nach hochgelegenen Tälern hinaufzieht und im Herbst wieder hinabläßt. Der Hirtenjunge, welcher sie in solchen Einöden hütet, bekommt auf drei Monate Brot und geringen Käse mit und lebt ein Vierteljahr ganz einsam, nur mit seinen Schafen, ohne einen Menschen zu sehen. Er verlernt fast das Sprechen dabei. Den Schafen geht es zu Zeiten auch sehr schlimm, wenn es ein paar Tage nach einander schneit. Dann drängen sich die Tiere auf einen Haufen zusammen, lassen sich einschneien und hungern, bis der Schnee wieder wegtaut.

Von manchen Schäfern werden die Schafe auch gemolken, es geschieht dies aber nur selten, denn sie geben sehr wenig Milch, jedes nur ein paar Eßlöffel voll.

In manchen Teilen der Alpen gibt es noch Bären. Diese besuchen am liebsten die einsamen Schafherden und holen sich aus diesen ihren Fraß. Sobald es die Hirten aber merken, teilen sie es ihren Freunden mit. Alle Männer aus dem Tale bewaffnen sich mit Flinten und ziehen auf die Bärenjagd aus. Der Bär wird dann entweder erlegt oder verjagt. In diesem Teile der Alpen, durch welche wir gewandert sind, hat man seit langem keine Bären mehr gesehen. Wölfe gibt es hier auch nicht.

Wenn wir uns aber, sobald ich nach Hause komme, im Garten eine kleine Alp bauen, werden wir doch den Bären aus dem Spielkasten mit darauf stellen und eine Höhle für ihn machen. Du kannst ihn einstweilen zurecht setzen.

Es grüßt Dich

Dein Hermann.

35.

Roter Schnee und Gletscherfloh.

Weißt du, was der Wind arbeitet, der wilde Gesell, der mit den abgefallenen Blättern und Schneeflocken Tanzstunde hält und ihnen ein wunderliches Lied dazu singt?

Er weiß nicht, was er tut; er überlegt nichts, berechnet nichts — aber tut doch gar vielerlei: Großes und Kleines. Dein Atem überlegt auch nicht, weiß auch nichts von seinem Wesen und wird doch zum verständigen Wort und zum verständlichen Lied.

Der Wind ist der Atem der Welt, er umjagt die Erde, kräuselt die Wellen des Meeres und küßt die Spitzen der Berge.

Was bringt er ihnen mit aus dem Reiche des Lebens drunten? Allerlei Kleinigkeiten sind es mitunter, und doch werden sie interessant droben auf den Gletschern und Firnfeldern, in den weiten Eiswüsten, die meilenweit und -breit die Hochgebirge überlagern.

Fern im Süden Amerikas wirbelt der Sturm empor. Er ist reiselustig und braust hinaus zum wilden Ritt um die Welt. Der Staub der Ebenen ruht auf seinen Fittichen. Er trägt ihn über den weiten Ozean, über das heiße Afrika, über das Mittelmeer und schüttelt ihn ab an den weißen Schneehäuptern der Alpen. „Roter Schnee ist gefallen!" sagen die Alpenwanderer und nehmen eine Probe davon mit nach Hause. Die Schneeflocken zerschmelzen, in dem Wasser aber schwimmt roter Staub. Das Vergrößerungsglas zeigt deutlich Kieselschalen von winzigen Tierchen, von Infusorien, die in Südamerika leben. Sie haben eine weite Reise gemacht und sind schon zuweilen nach Europa herübergeflogen, lange bevor Kolumbus seine Schiffe nach dem neuen Lande im Westen richtete.

Dieser rote Schnee ähnelt in der Farbe dem Eisenocker; es sind ihm rötliche Erdteilchen mit beigemischt. Aber sieh! dort am Rande des

Schneefeldes schimmert es blutigrot, purpurn, wie Rotwein! Die Alpenleute erzählen: ein Maultiertreiber, ein schlimmer Patron, bestahl dort eine Landung Rotwein, die ihm anvertraut war. Er verschüttete dabei vom edlen Getränk, und zur Strafe dafür muß seine Seele dort auf dem Ferner hausen und den roten Schnee ansehen, bis sie ein mitleidiger Wanderer durch den letzten Rest seiner Flasche erlöst. Das Märchen ist spaßhaft — die Wahrheit ist aber noch viel interessanter. Diese zweite Sorte von rotem Schnee zeigt sich unter dem Vergrößerungsglas als lebendige winzige Tierchen (Disceraea nivalis) ebenfalls sogenannte Infusorien. Sie leben mitten im Gletscher und Schneewasser und freuen sich in ihrer Art ihres Daseins ebenso sehr, wie andre Geschöpfe in den Fluten des Ozeans oder im Quell des Tieflandes.

Und sonderbarerweise leben dieselben roten Schneetierchen auch weit draußen am Nordpol, und ihre weithin schimmernde Farbe grüßt den staunenden Schiffer. Sollte der Wind hier auch den Träger gespielt haben? Niemand weiß es. Die Alpenpflänzchen haben auch viel Kameraden in den Polarländern, die ganz gleicher Art mit ihnen sind. Die Wege, durch welche sie so weit auseinander geraten, mögen wunderbar genug sein. Zusammen mit den Infusorien kommen im tauenden Schnee und an den Rändern der Firnfelder mancherlei winzige Pflanzenformen vor. Nur das Vergrößerungsglas vermag sie dem Auge in ihren sonderbaren Gestalten zu zeigen. Sie ähneln jenen winzigen Geschlechtern der Algen, die der Forscher auch im Tieflande zur Zeit der Schneeschmelze findet.

Vom Berge weht der Wind hinunter ins Tal, vom Tale steigt er wieder hinauf auf die Berge und Ferner. Was bringt er mit? Dort sitzt auf dem Eis eine halberfrorene Biene, hier liegt ein erstarrter Schmetterling; der Wind hat sie hierhergetragen, wo nichts für sie zu schmausen ist.

Ringsum auf den Felsen blühen Blumen und Gräser. Jährlich treiben sie neue Blättchen, die alten vermodern. Manche dieser Moderstäubchen nimmt das Wasser mit hinunter ins Tal, andre weht der Wind hinüber aufs Gletschereis. Jene unbedeutenden Krümchen, die von dem großen Tisch, der für die lebendigen Wesen gedeckt ist, abfallen, dürfen nicht umkommen.

Hier ist ein kleiner Wassertümpel im Eis; Moderstäubchen schwimmen darauf. Aber sieh! dazwischen sind schwärzliche Pünktchen wie Schießpulverkörnchen. Greife danach — sie fliehen nach allen Seiten auseinander. Es sind lebendige Wesen. Sie hüpfen behende, und deshalb hat der Alpenbewohner sie Gletscherflöhe genannt, der Naturforscher bezeichnet sie auch als Springschwänze. Nur das Vergrößerungsglas zeigt dir ihre Gestalt deutlich. Ihr ganzer Körper ist mit feinen Seidenhärchen bedeckt. Die Beine sind zart und dünn. Mit ihnen läuft das Tierchen flink auf der Oberfläche des Wassers umher, wie andre Wesen, auf festem Grunde. Es sinkt nicht unter und wird nicht naß. Ja, es kann sich sogar auf dem Wasser emporschnellen und bedient sich dabei nicht seiner Beine, sondern des Schwanzes. Dieser besteht aus zwei Zacken, fast wie eine kleine Gabel, und wird für gewöhnlich unter den Bauch geklappt getragen, so daß er gleich zum Losschnellen bereit ist. Für die Springschwänzchen sind die unbedeutenden Moderstäubchen, die verwesenden kleinen Insekten, das tägliche Brot, auf das sie warten. Der Wind streut es ihnen aus. Da hast du ein wenig von den kleinen Arbeiten des Windes, und zugleich Leben mitten in Eis und Schnee, eine Tierwelt des Gletschers.

Dicht an der Grenze der Firnfelder und Gletscher und da, wo sich Felsenzungen, vom Winde kahl gefegt und von der Sonne gewärmt, zwischen sie hineinschieben, regt sich das tierische Leben schon bunter und mannigfaltiger. Hier zehren Würmchen und Asseln von den modernden Blättchen, Blattwespen suchen Brutstätten für ihre Eier, kleine Raubkäfer ziehen auf die Jagd aus; Spinnen weben ihre Netze, um die zierlichen Büschelmücken und winzigen Fliegen zu erbeuten. Sogar einsam lebende Riesenameisen treiben hier hoch oben ihr Wesen, und einige Schmetterlinge, auffallend dunkel gefärbt, machen hier ihre ganze Entwicklung durch, vom Ei bis zum vollendeten Falter.

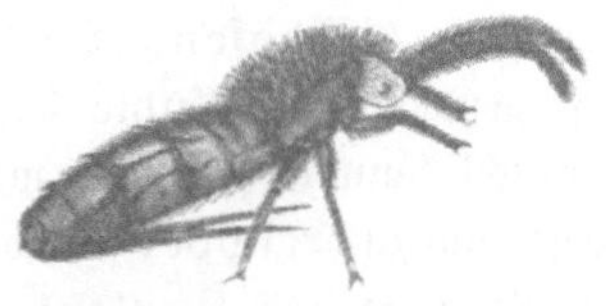

Gletscherfloh (vergrößert).

36.

Nach „Unser lieben Frauen“ im Schnalser Tal.

Zwei Hauptketten der Alpen haben wir bis jetzt überschritten; die dritte, südliche, liegt noch vor uns. Drei Hauptketten unterscheidet man überhaupt, die in der Richtung von West nach Ost ziehen. Über den nördlichen Zug gelangten wir auf der schönen Fernpaßstraße. Die mittlere Kette überstiegen wir in der Ötztaler Gebirgsgruppe und sind jetzt am südlichen Abhange derselben.

Im Ötztale hinauf ward die Umgebung desto wilder und wilder, je höher wir stiegen. Am unteren Ende des Ötztales, da, wo es in das Inntal mündet, fanden wir noch Felder mit Getreide und große, wohlhäbige Dörfer mit ansehnlichen Gasthöfen. Weiter hinauf verschwanden der Getreidebau, ja oft genug die Talsohle selbst; sie ward zur Felskluft. Nur durch Viehzucht können sich die wenigen Bewohner dort nähren. Die Häuser liegen nur zu drei oder vier beisammen, eine Kapelle dabei, neben dieser die Wohnung des Kaplans, meistens eines liebenswürdigen Mannes, der Seelsorger, Schulmeister und Ratgeber seiner Gemeinde in einer Person ist, daneben aber auch die Schenkstube hält. Wir finden am Sonntage die Männer seiner ganzen Gemeinde bei ihm versammelt. Die jüngeren vergnügen sich nach dem Gottesdienst beim

Tiroler Trachten.

Kegelschub, die älteren sitzen beim Weinschoppen und unterhalten sich von der Welt Lauf oder von den Geschäften.

Wir finden als Reisende bei dem Kaplan Unterkommen. Er ist darauf eingerichtet, und sein Tisch bietet uns viel mehr, als wir in dem einsamen Gebirgsweiler erwartet, zu welchem ja jeder Laib Brot fast eine Tagereise weit hinaufgetragen werden muß.

Sobald die Wohnungen talaufwärts spärlicher werden und zerstreuter liegen, so werden auch die Wege schmaler und schmaler. Bis Umhausen, in der unteren Hälfte des Tales, führt noch eine leidliche Fahrstraße. Bis Sölden würden wohl noch Saumtiere marschieren können. Auf unserer ganzen Wanderung im Fender Tale haben wir aber nur schmale Fußsteige getroffen und nirgends eine Spur von Pferd oder Maultier gesehen. Nach den Rofener Höfen, den letzten und höchstgelegenen, führt ebenfalls nur ein Fußpfad, selten sahen wir unterwegs Menschen, nur der tobende Wildbach brachte Leben hinein.

Im Rofener Tale trafen wir an der rechten Seite des Baches einen frisch angelegten Pfad, den der unternehmende Kaplan von Fend herstellen ließ, um zu Maultier nach dem Hochjochferner gelangen zu können. Die Arbeiter waren noch dabei beschäftigt — hinter ihnen bröckelte aber das verwitterte lose Gestein schon wieder herunter. Zwei Gletscherzungen schoben sich in den Schluchten vom Kreuzspitz herunter. Sie mußten überschritten werden. Auf einem Gletscher ist allerwärts Weg oder vielmehr gar kein Weg. Ein gebahnter Pfad ist da eine Unmöglichkeit. Jeder neue Schneefall verweht dort die wenigen Fußspuren, welche der Tritt des seltenen Wanderers etwa zurückläßt. Dort kann nur der kundige Führer helfen, der es versteht, sich nach den Himmelsgegenden und nach den Spitzen der Berge zu richten.

Über die Ötztaler Gruppen führen zwar mehrere Übergänge für Fußwanderer, aber kein ausgetretener Weg, viel weniger eine Fahrstraße.

Am Südhange des Hochjochferners kamen wir in das obere Schnalser Tal, das ringsum ebenfalls von Schneebergen umgeben und von Gletschern umlagert ist. Nur wenige Spitzen ragen bis 3750 m hoch und sind mehr als 900 m hoch in Schnee gehüllt. Im oberen Anfange des Schnalser Tales haben wir zunächst große Mühe, überhaupt eine Fußspur zu finden. Der Führer selbst irrt sich ein paarmal, und wir sind gezwungen, mit Hilfe des Bergstockes über den Bach zu springen, dessen Lauf wir folgen. Endlich finden wir einen schmalen Pfad und wandern auf ihm weiter talwärts. Wir treffen wieder einzelne Weiler und Wiesen, auf denen die Leute beim Heumachen beschäftigt sind. So kommen wir nach „Unser lieben Frauen", einem Dörfchen mit altberühmter Wallfahrtskirche.

Das Alpengebirge ist reich an Wallfahrtsorten. Mitunter sind es kleine Kapellen hoch droben auf steiler Felswand. Noch jährlich ziehen Prozessionen dorthin, mit dem Kreuz voran, begleitet vom Seelsorger.

Die letzten Verzweigungen des Ötztales.

Es herrscht eine mächtige Gewalt in der Alpennatur; sie mahnt den Menschen an seine eigene Kleinheit und Schwäche. Sie mahnt ihn an den, welcher die Berge baute zu Säulen seines Tempels und den Himmel darüber wölbte zu einem Dom. Der fromme Glaube sucht ihn dort — der sinnige Forscher findet ihn ebenfalls. Er sieht hier die Kräfte der Natur in ungehindertem Walten. Lawinen und Gletscher wählen sich ihre eigenen Pfade.

Daneben entfaltet aber auch die Pflanzenwelt liebliche Bilder, und selbst das Tierleben bietet genugsam interessante Seiten. Sie zeigen, daß neben dem übermächtigen Walten der Elemente auch die Liebe und Freundlichkeit Gottes hier eine Stätte haben. Der Forscher wallfahrtet in seiner Weise zu den Heiligtümern des Hochgebirges, findet reiche Schätze für Geist und Herz und nimmt sie mit nach Hause, als Kleinodien unvergänglicher Art fürs ganze Leben.

Zur Erklärung des Bildes Seite 137.

Die letzten Verzweigungen des Ötztales.

Um den jugendlichen Lesern eine annähernde Vorstellung von den Talverzweigungen im Hochgebirge zu geben, sowie von dem Wege, den wir über die Ötztaler Gruppe genommen haben, ließen wir den obersten Teil des Ötztales mit seinen Verzweigungen von dem Zeichner entwerfen. Es diente ihm dabei eine Reliefkarte, welche wir selbst von jenem Gebirgsteile angefertigt hatten und auf welcher die Höhen vielfach so stark angenommen waren als die horizontalen Entfernungen. Wir bemerken zu dieser Ansicht folgendes:

2½ cm wagerechte Entfernung entspricht ungefähr einer deutschen Meile. Der Vordergrund des Bildes zeigt (19) Zwieselstein am obersten Ende des Ötztales im engeren Sinne; links zieht sich das Gurglertal (36 Obergurgel) nach dem Hochwildspitz (31), im Mittelgrunde liegt das ungefähr 2 Meilen lange Fender Tal vor uns. In seiner Mitte sehen wir Heiligenkreuz (18), Winterstall (17) und an seinem oberen Ende Fend (16) am Fuße des Talleitsspitz (25). Hier teilt sich das Tal gabelig. Links zieht das Niedertal nach dem Niederjoch (30) zwischen dem Similaun- (24) und dem Finailspitz (26); rechts geht das Rofener Tal (14 die Rofener Höfe). Unser Weg führt hier am Abhange des Talleitsspitz (25) vorbei nach der Zwerchwand (15) und dem Hochvernagtgletscher (9) über den Hochjochferner und das Hochjoch (28) nach Kurzgras (2) und jenseit der Bergkette südlich nach „Unser lieben Frauen“ im Schnalser Tal, dessen Lage die Punkte unter 37 andeuten. Die Bergzüge jenseit des Schnalser Tales, welche von Salurnspitz (1) anfangen, sind nur schwach angedeutet; sie setzen sich in ähnlicher Weise fort, wie wir sie diesseits sehen. Rechts vom Bilde dehnt sich ein ungeheures Firnmeer über die ganzen Bergzüge zwischen dem Piztal und Kaunertal aus. Alles Weiße des Bildes ist Firnschnee und Gletscher; die dunkel schraffierten Stellen sind Glimmerschieferfelsen; nur auf der meist sehr schmalen Talsohle oder an den unteren Gehängen befinden sich Wiesenmatten. Wäldchen sind sehr sparsam und von geringem Umfange bis gegen Fend hin im unteren Teile der Täler vorhanden. Die weißen Streifen in den Talsohlen entlang sollen die Bäche andeuten, die mit den Tälern gleiche Namen führen. Die zahllosen Wasserfälle konnten nicht angedeutet werden.

1. Salurnspitz, 3393 m hoch über Meer.
2. Kurzgras; Bauernhof.
3. Weißkogel, 3700 m.
4. Langentauferer Joch, 3503 m.
5. Im hintern Eis.
6. Neußberg.
7. Langentauferer Jöchel, 3114 m.
8. Hochvernagtwand.
9. Hochvernagtgletscher.
10. Im Brandel.
11. Wildspitz, 3733 m.
12. Weißkopf.
13. Schwarze Schneide, 3281 m.
14. Rofener Höfe, 2 Häuser, 2176 m.
15. Zwerchwand.
16. Fend, 5 Häuser und Kapelle, 1870 m.
17. Winterstall, 3 oder 4 Häuser.
18. Heiligenkreuz, kleine Ortschaft.
19 Zwieselstein, Ortschaft, 1465 m.
20. Röderkogel, 3125 m.
21. Anitzspitz, 3512 m.
22. Gampelskogel, 3367 m.
23. Schalfkogel, 3488 m.
24. Similaunspitz, 3563 m.
25. Talleitsspitz, 3366 m.
26. Finailspitz.
27. Grabwand.
28. Hochjoch, 2909 m.
29. Kleeleitenspitz, 3453 m.
30. Niederjoch, 2718 m.
31. Hochwildspitz, 3438 m.
32. Schwärzen.
33. Langentaler Eissee und großer Ötztaler Ferner.
34. Langentaler Joch, Pfad nach dem Pfelderstal (Plan).
35. Hohe First.
36. Obergurgel, Ortschaft, 1870 m.
37. Lage von „Unser lieben Frauen“ im Schnalser Tal; Ortschaft mit Kirche und 2 Wirtshäusern.

37.

Maultierritt.

(Nach Staaben im Etschtal.)

Hermann an seinen Bruder Karl.

Lieber Karl!

Ich bin nun fast auf alle möglichen Arten in den Alpen gereist. Nach den bayrischen Alpen fuhr ich zuerst auf dem Dampfwagen, dann über die Seen auf dem Dampfschiff und auf dem Nachen, nachher mit dem Einspänner. Durch Nordtirol sind wir zu Fuße marschiert, und hier nach Südtirol bin ich g e r i t t e n! Ja, staune nur: drei ganze Stunden lang habe ich auf dem Maultier gesessen wie ein Husar oder ein Reiter! Bei unserm Marsche über den Hochjochferner hatten wir nichts als Brot und Speck zu essen, Wein und eiskaltes Gletscherwasser zu trinken. Es war eben nichts anderes zu bekommen. Davon war ich zuletzt unwohl geworden und befand mich auch am andern Tage noch sehr übel.

Der Führer hatte unsre Sachen noch eine Stunde weiter mitgenommen, bis nach Karthaus. Wir waren in „Unser lieben Frauen" im Schnalser Tale geblieben.

Das Schnalser Tal ist ebenso eng wie das Ötztal, und die Berge an beiden Seiten sind ebenso hoch; es ist aber kaum halb so lang. Im Tale entlang braust der starke Schnalsbach, der mitunter bedeutend anschwillt und große Verwüstungen anrichtet. Bei „Unser lieben Frauen“ waren an seinem Ufer mächtige Steinwälle aufgebaut, auch starke Böcke aus Stämmen aufgestellt, um die Gewalt des Wassers zu brechen.

Der Weg von „Unser lieben Frauen“ bis nach Karthaus ward mir sehr schwer; ich war sehr matt und konnte nichts genießen. Zur Frühstückszeit kamen wir nach Karthaus. Dies war früher ein Kloster; jetzt gehören die Gebäude einem Bauer. Zu dem Wohnhause hinauf führen noch Stufen aus weißem Marmor. Aus der alten Kirche ist ein Stall und eine Scheune gemacht worden. An den Wänden sieht man noch Gemälde und Vergoldungen, und daneben stehen die Kühe und Ziegen.

Hier trafen wir auch unsern Führer wieder, der heute den Hirten machen wollte. Er hat seine dicken Kleider, die er bei der Gletscherwanderung trug, nicht mehr an, sondern eine leichte Joppe, einen breiten Gürtel um die Hüften und kurze Hosen bis über die Kniee. Das Köstlichste an ihm war aber sein spitziger Filzhut. An diesen hatte er sich einen Haarstutz aus fünf Eichhornschwänzen gemacht: hellbraune und dunkelbraune, dazu noch einen Strauß künstlicher Blumen mit Goldflittern. Es war ein höchst lustiger Bursche, der uns viel Spaß machte.

Wir tranken in Karthaus Kaffee, und da ich wieder etwas genießen konnte, ward es mir wohler. Zu meiner Freude war gerade ein Maultiertreiber von Staaben hier. Er hatte mit zwei Maultieren Wein, Mehl Salz und andre Lebensmittel gebracht. Er sah ziemlich zerlumpt aus, fast wie man in den Bilderbüchern die Räuberhauptleute abmalt; nur hatte er weder Pistolen noch Dolche. Seine Schuhe waren mit Riemen zusammengebunden. Sie drohten auseinander zu fallen. Sein Hut war ebenfalls interessant; es war nämlich kein Deckel darin, und der Vater nannte ihn deshalb nur den „Krater“. Trotzdem ist aber dieser Maultiertreiber für das Schnalser Tal eine sehr wichtige Person. Da in diesem ganzen Tale kein Getreide gebaut wird, so beschafft er den Leuten, welche dort wohnen, mit seinen Tieren die Lebensmittel und was sie sonst noch aus der Stadt brauchen. Zugleich macht er auch den Postboten und nimmt Briefe und Pakete mit hinauf und hinab.

Als der edle Rinaldini, der Maultiertreiber nämlich, seine Geschäfte beendigt hatte, setzte ich mich auf das eine Maultier. Der Mann hatte aus Decken eine Art Sattel zurecht gemacht und aus Stricken Steigbügel daran. An einem Stricke, an dem ich mich festhalten konnte, fehlte es ebenfalls nicht. Das vorderste Maultier trug zwei leere Weinfässer und unser Gepäck. Es kannte den Weg ganz genau, da es ihn alle Wochen ein paarmal läuft und auch nur einer vorhanden ist. Es lief langsam voran. Blieb es stehen, so bekam es mit dem Stock eine Ermahnung. Der Treiber führte mein Maultier am Zügel und plauderte mit dem Vater. Er erzählte viel von seinen Maultieren, die er in Italien gekauft habe und die ihn viel Geld gekostet hätten. Anfänglich habe er große Not mit ihnen gehabt, denn sie seien sehr widerspenstig gewesen. Jedes Tier hatte einen Beißkorb und an jeder Seite des Kopfes ein Scheuleder. Der Beißkorb soll sie hindern, unterwegs stehen zu bleiben, um zu fressen.

Diese Maultiere haben eine eigene Gewohnheit, die mich anfänglich sehr ängstlich machte. Der Weg war hier zwar ganz leidlich, aber doch meistens nicht breiter, als daß etwa zwei Personen bequem nebeneinander gehen können. Zur rechten Hand waren nicht selten vorstehende Klippen und herabhängendes Gesträuch; links ging es schroff und tief hinunter nach dem Bache, der drunten brauste. Nun marschierte das Tier, auf dem ich ritt, niemals in der Mitte des Weges, sondern stets auf der äußersten Kante desselben, an der Seite nach dem Abgrunde hin. Wenn es mit den Hufen Steine lostrat, so polterten diese in die Tiefe bis in das wilde Wasser hinunter! Da diese Tiere gewöhnlich mit großen Paketen an beiden Seiten beladen sind, so stoßen sie damit leicht an die Felsen oder bleiben am Gesträuch hängen. Deshalb haben sie es sich angewöhnt, am äußersten Rande zu gehen.

Der Vater versuchte es einmal, an einer Stelle das Tier nach der Mitte des Weges zu drängen. Er fürchtete, es möchte mit mir in den Abgrund stürzen. Er bekam aber von ihm unvermutet einen solchen Stoß, daß er auf einen Felsblock daneben taumelte. Wenn nachher der Vater dem Tiere wieder einmal nahe kam, schlug es mit den Hufen nach ihm aus, so daß er sich sehr vor ihm in acht nehmen mußte. Die Maultiere schienen sehr tückischer Natur zu sein. Sie gehen aber mit ihren kleinen Hufen vorsichtig und suchen sorgsam jede Stelle aus, auf die sie treten wollen. Ihre Ohren sind so lang wie die des Esels, die Tiere aber größer und schlanker gebaut als dieser.

Anfänglich war ich etwas bange, als ich auf dem Tiere saß und dieses den Weg steil von Karthaus hinabstieg. Ich mußte mich weit zurückbiegen und festhalten. Ich gewöhnte mich jedoch bald daran, und es machte mir dann viel Vergnügen. An der gegenüberliegenden Seite des Tales sahen wir auf einem hohen Felsen den Ort St. Katharin.

Als wir nachher an der Ruine der Burg Jufal vorbeikamen, wehte uns die Luft ganz warm aus dem Tale der Etsch entgegen. Die Sonne schien sehr heiß — es war Mittag — so daß wir unsre Röcke auszogen und nun fast auch so aussahen wie unser Maultiertreiber. Es kam uns die Wärme um so auffallender vor, weil wir die Tage vorher zwischen Eis und Schnee droben im Hochgebirge gewesen waren.

An der Bergseite, dicht am Wege, trafen wir Maulbeerbäume und große Walnußbäume, edle Kastanien und zuletzt Weinlauben. Die Trauben waren fast reif und hingen mir beinahe in den Mund, als ich darunter hinwegritt. Am Wege standen auch schöne Blumen, die eigentlich in Italien einheimisch sind; italienisches Leinkraut, gelbblühende Hauhechel und schöne, goldgelbe Schafgarbe mit filzigen Blättern. Es war mir zu Mute, als ob wir schon nach Italien kämen.

Wir gelangten nach Staaben und hielten Mittagsrast. Der Maultiermann fütterte seine Tiere, schirrte eins davon an und spannte es an ein Wägelchen, um uns darin nach dem schönen Meran zu fahren. Er erschien völlig verwandelt und hatte sich ganz stattlich angezogen. Der saubere Hut, den er jetzt trug, hatte keine Kraleröffnung. Wir begegneten mehrere Mal Lastwagen, welche von Maultieren gezogen wurden. Die Tiere waren gewöhnlich eins hinter das andere gespannt und bildeten zu drei oder vier eine lange Reihe. Dazu waren sie mit Fliegendecken, Trodbeln, Tuchläppchen und Messingschellen stattlich aufgeputzt.

Der blaue Himmel und die grünen Weinberge, die Maisfelder, die Gärten mit Blumen, die Leute, welche uns begegneten, alles sah mir so lustig aus, daß ich wohl hier wohnen möchte; dann müßtet Ihr natürlich aber alle auch mit sein bei

Euerm

Hermann.

Weinhüter und Winzer in Südtirol.

38.

Tiroler Wein.

Setze dich zu mir in die schattige Weinlaube und ruhe aus von der mühseligen Wanderung auf der staubigen, heißen Straße und auf dem steilen, holperigen Bergpfade. Hier bietet die hölzerne Bank einen angenehmen Sitz. Auf den Tisch vor uns stellt der freundliche Wirt Brot und Wein und für dich die ersten blauen Fruchttrauben, die sein Garten erzeugte. Die breiten Blätter des Weinstockes wehren dem stechenden Sonnenstrahl. Der kühle Wein erquickt das Herz, macht uns fröhlich und unsre Augen wacker!

Soweit der Blick reicht, siehst du das freundliche Grün des edlen Gewächses. Ein Laubengang reiht sich an den andern. Die Reben sind an Spalieren emporgezogen und wölben sich oben zu halben Lauben. Die offene Seite des Bogens kehrt sich der Sonne zu. An den Gitterwänden breiten sich die glänzenden Blätter zu einem grünen, saftigen

Teppich aus. Die Trauben hängen frei herab, dem Strahle der Sonne ausgesetzt. Der ganze Weingarten ist eine Werkstatt voll lebendiger Wesen- jeder Rebstock ist ein Arbeiter im Laboratorium.

Soll ich dir die Geschichte des Weinberges erzählen, während du eine saftige Beere nach der andern vom Stiele lösest und dich an ihrer Süßigkeit labest? Wohlan so höre!

Der mächtige Arbeiter der Unterwelt, Pluto nannten ihn die Alten, schmolz die Gesteine. Sein Vetter Vulkan, der Schutzpatron der rußigen Schmiede, half ihm dabei. Die Erde zerbarst, und Berge wurden geboren. Porphyrfelsen stiegen ans Licht, und Basalte quollen hervor. Sie hoben die kalkigen, sandigen und tonigen Schichten der aufgelagerten Flöze. Allmählich verkühlten sie und erstarrten.

Die leichten Gesellen der Luft: Licht und Wärme, Frost und Regen, begannen ihr Werk. Sie zerbröckelten den harten Felsen, zerklüfteten den unbehilflichen Steinblock. Diesen arbeiteten sie zu einer natürlichen Burgruine aus, jenen zu einer riesigen Säge und dem andern fertigten sie eine lange, lustige Nase. Die Luftgeister und die Wasserelfen sind die Bildhauer und Künstler im Gebirge.

Das Wichtigste aber bei ihrer Arbeit sind die Abfälle, der Schutt. Sie versetzen und verbinden das Gestein mit mancherlei Stoff, machen es mürbe und bröckelig, mischen Blätter und Wurzeln verrotteter Pflanzen dazu, gelegentlich auch kleine gestorbene Insekten und geben so dem Berggehänge eine Lage von Ackererde. Diese ist die Arbeit von Jahrtausenden. — Ein Freund der Felsen würde ein Klagelied anstimmen: „Die Felsen sind zerstört, die festen Steine sind gebrochen, die Starken im Lande sind zerfallen zu Staub! Es steht nichts fest auf Erden!" — Der Weinbauer erwidert ihm aber frohlockend: „Wohl uns, daß es so ist! Der harte Felsen ist unfruchtbar. Nur der verrottete Schutt, nur die mürbe Humusdecke können Gewächse hervorbringen, welche den Menschen ernähren und ihn fröhlich machen!"

Es kam der Mensch herzu und grub den Boden tief um, las die Steine heraus und schichtete sie ringsum auf, zur Schutzwehr gegen das Wildwasser. Er legte Terrassen am Berge an, damit der strömende Regen die lockere Erde nicht talwärts entführe, und teilte den Boden in Beete von Klafterbreite. Dann legte er junge Rebstöcke mit zahlreichen Wurzeln in den Grund und errichtete für sie hohe Spaliere. Vom edlen Kastanienbaum nahm er das Holz, schnitt Pfosten daraus und richtete sie senkrecht auf zu tüchtigen Trägern. Die dünnen Stangen der Fichte befestigte er dann schrägüber zu Gitterwerk. An dem Spalier stiegen die sprossenden Reben empor, klammerten sich mit den Wickelranken an ihnen fest und gediehen erfreulich.

Von den Bergen herab leitete der Weinbauer das unentbehrliche Wasser und tränkte die Beete. In den tiefergelegenen Weingärten ließ er das erquickende Naß durch Schöpfräder aus dem Flusse emporheben und in Rinnen nach den Beeten führen.

Zwischen den Rebenwänden pflanzte er Mais, Gemüse und Futterkräuter fürs Vieh. Er entnahm demselben Boden doppelte und dreifache Ernten. Brot und Wein wächst aus demselben Gelände.

Ein wunderbarer Arbeiter ist aber der Weinstock. Aus dem kleinen beinharten Samenkorn wachsen die Wurzeln sehr tief in den harten Grund. Sie saugen aus dem zersetzten Gestein vielerlei Stoffe, trinken Tau und Regen und die künstlich zugeleitete Flut und führen sie aufwärts zur emporsprossenden Rebe. Außen umkleidet sich diese mit unscheinbarer, graubrauner Rinde, die in Fetzen herabhängt, gleich dem Gewande eines Bettlers. Dann sprossen aus den Reben die schön geteilten, fünflappigen Blätter und die grünen Ranken, welche sich anklammern wie Hände. Siehe, dort unten neben dem Hause des Winzers klettert ein Weinstock hoch hinauf bis zum Gipfel des Walnußbaumes, seine Reben umspinnen das dunkle Grün wie helle Girlanden!

Im Weingarten verschneidet der Winzer jährlich die Reben, ehe die von Filz überzogenen Knospen sich öffnen. An jeder läßt er nur ein kurzes Stück mit wenigen Knospenaugen stehen, damit diesen die ganze Nahrung der Wurzeln zu gute komme und ihre Früchte um so reichlicher und herrlicher werden. Aus demselben Saft baut der Weinstock die schönen, fünfteilig zerschnittenen Blätter, dann auch die Blüten. Diese bilden zierliche Trauben. Unmerklich klein ist der Kelch, die fünf Blumenblättchen bleiben mit den Spitzen zu einem Mützchen verbunden, das sich ablöst und abfällt. Unscheinbar grünlich ist ihre Färbung, desto zarter aber und herrlicher der feine Duft, den sie ausströmen. Den meisten Fleiß wendet der Rebstock auf die Bildung der saftigen Frucht. Die Beeren schwellen und färben sich; ihr Inneres strotzt von Saft. Zunächst sind sie scharf sauer wie Essig, allmählich wird aber das Saure zum Süßen, der Essig zum Zucker.

Soll ich dir die Sorten alle aufzählen, welche der Weinbauer in Südtirol zieht? Es sind ihrer viele: Terlaner, Siebeneichner, Girlaner, Eppaner, Traminer, Kalterer, Aichholzer, Schwarzwelsche und Weißwelsche, Pfeffertraube und Zapfenbeere und manche andere. Jede ist ein wenig verschieden im Geschmack, in Farbe und Form, jede gibt ein anderes Getränk.

Da wo der Weinstock üppig gedeiht, darf der Landmann auch zahlreiche andre edle Gewächse pflanzen und auf einen günstigen Erfolg seiner Arbeit hoffen. So bemerken wir bei einer Umschau im Weingarten nicht nur den reichlich tragenden Mais, sondern auch Mandelsträucher und Pfirsiche mit den köstlichen Früchten, und Feigenbäume, die hier nicht während des Winters in den Schutz eines Hauses flüchten müssen. Ja, es kommen hier bereits einzelne Ölbäume, Zitronen und Orangenbäume im Freien fort, während Walnuß und echte Kastanien in ihren mächtigen Stämmen bezeugen, wie gut ihnen hier der Boden und vor allem die Witterung zusagt. Sie alle bilden den reizenden Hofstaat der Weinrebe, diese aber ist die Königin, welche sich zwar nicht durch äußere Pracht, wohl aber durch das auszeichnet, was sie erzeugt.

Und wie arbeitet zuletzt noch der Wein, wenn er, gekeltert und abgegoren, zum Genuß fertig ist! Vertreibt er nicht alle Müdigkeit dir aus den Gliedern und alle Verdrossenheit aus dem Geiste? Ist es nicht, als ob die Sonne jetzt noch einmal so schön leuchte und die Luft wonniger und milder uns umsäusele! Das ganze weite Tal mit allen seinen Dörfern und Weilern, Kirchen und Kapellen, Klöstern und Burgruinen jubelt uns entgegen, selbst die weißen Schneehäupter des Similaun und seiner Genossen nicken so lustig zu uns herüber, daß uns die ganze Welt vorkommt wie eine einzige liebe Familie, zu der auch wir als Brüder gehören.

Bringe das letzte Glas vom Traubensafte dort dem müden Wanderer, der mühsam mit schwerer Bürde den Bergpfad hinaufkeucht, damit seine Last ihm leichter werde. Der Wein, das Kind des Berges hilft auch Berge besiegen.

39.

In Bozen.

Hermann an seinen Bruder Karl.

Lieber Karl!

Von Meran bis Bozen sind wir im Omnibus gefahren, den man Stellwagen nennt. Der Wagen ging fortwährend zwischen Weingärten mit Weinlauben, Maulbeerbäumen, Walnußbäumen, edlen Kastanien und Feigenbäumen hindurch, welche im freien Lande standen und über die Straße herüber hingen. Der Winter ist hier im Tale so wenig kalt, daß alle diese Bäume ihn überstehen, ohne zu erfrieren. Es sollen auch einzelne Ölbäume hier sein, ich habe aber keinen davon gesehen; dagegen waren in den Hecken oft Sträucher von Sanddorn mit Blättern, die wie Silber glänzten, und an den Ufern der Bäche standen Tamarisken mit rosenroten Blüten.

Es weht hier herein die warme Luft von Italien, und die hohen Berge im Norden halten die kalten Nordwinde ab.

Jetzt befinden wir uns in Bozen im Gasthaus zum Adler, am Obstmarkt, wo es uns recht gut gefällt. Es ist eine Hitze hier, wie ich sie noch nie erlebt habe. Es ist deshalb ganz hübsch, daß die Straßen eng sind und Schatten geben. Vor den meisten Fenstern sind Jalousieläden, die recht hübsch aussehen. Viele Fenster habe ich aber auch gesehen, in denen gar keine Glasscheiben, sondern nur Eisenstäbe waren. Vor den Häusern unten sind oft Säulenhallen, welche man Lauben nennt. In diesen befinden sich die Verkaufsläden und die Werkstätten. Die Leute arbeiten mitunter halb auf der Straße sitzend. — Auf dem Obstmarkte vor unserm Fenster liegen ganze Haufen Pfirsichen, Feigen, Pflaumen und Birnen und auch reife Trauben. Ich habe hier Feigen gekauft, zwei Stück für einen Kreuzer; eine kostet also einen Pfennig. Wenn sie nicht verderben, bringe ich Dir ein paar davon mit, ebenso einige Pfirsichen.

Vor die Wagen sind hier oft Ochsen gespannt. Man hat sie mit den Hörnern an ein gebogenes Joch gebunden, das an der Deichsel befestigt ist. Die Deichsel ist vorn noch ein gutes Stück länger, und hier faßt der Mann an, um den Wagen zu lenken.

Am Nachmittage gingen wir auf den Kalvarienberg, der dicht bei der Stadt ist. Wir hatten von demselben eine sehr schöne Aussicht und wir kamen an einer prächtigen Kirche vorbei, vor dieser knieten Leute und beteten. Es befinden sich hier auch im Freien viele Heiligenbilder, Kruzifixe und Bettäfelchen. Neben dem Wege liefen häufig große grüne Eidechsen, welche sehr schnell waren und außerordentlich gut klettern konnten. Ich habe keine davon fangen können, denn sie liefen an den steilen Felswänden hinauf, als ob sie auf dem ebenen Boden wären. In den Büschen machten die Zikaden viel Lärmen.

Am Abend war es noch immer warm, wir schliefen deshalb bei offenen Fenstern. Auf dem Markte blieben sogar einige Männer auch in der Nacht auf der Erde liegen und schliefen dort an den Seiten der Häuser.

Von hier aus wollen wir weiter auf der Straße nach Brixen fahren bis nach Am Steg und dann auf die Seiser Alp steigen. Da der Kutscher schon angespannt hat, muß ich meinen Brief schließen und grüße Dich als

Dein Bruder Hermann.

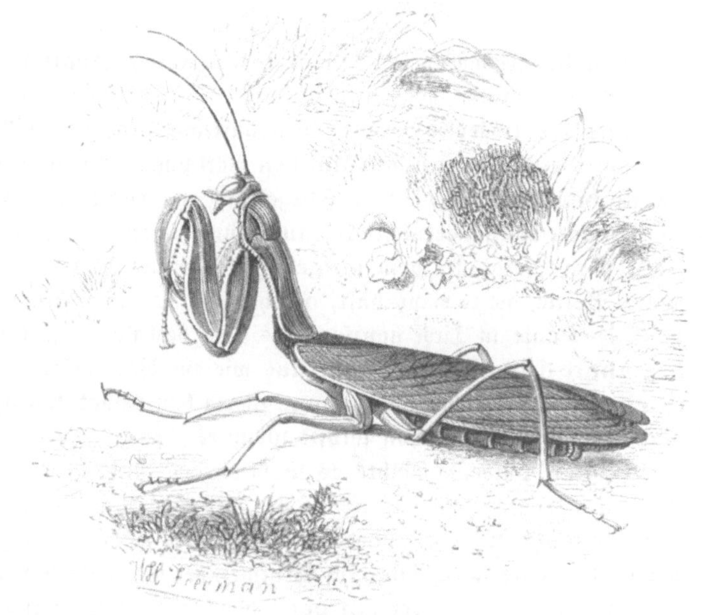

Gottesanbeterin.

40.

Die Gottesanbeterin.

Auf den sonnigen Hügeln und Bergabhängen von Südtirol wachsen mancherlei schöne Gesträuche, dazwischen vielerlei hübsche Blumen und Kräuter, und auf diesen wieder leben viele verschiedene Insekten: solche, die Blätter und Knospen verzehren; andre, die Honig aus den Blüten naschen, und solche, die von Früchten schmausen. Dazwischen gibt es aber auch andre, die das kleine pflanzenfressende Getier wegfangen wie kleine Wölfe und Tiger, damit dessen nicht gar zu viel werde und es zuletzt Baum und Strauch nicht kahl fresse und zerstöre.

Hier auf dem blühenden Zweige des Granatbusches sitzt ein sonderbares Wesen, eine Fangheuschrecke. Sie ist so lang wie dein kleiner Finger und dabei nicht viel dicker als ein starker Strohhalm. Den hinteren Teil ihres Körpers trägt sie wagerecht. Er ist von vier schmalen Flügeln bedeckt, die weißlich aussehen und bräunliche Spitzen haben. Der Leib des Tieres ist hellgrün wie das Blatt der Granate, und du mußt aufmerken, wenn du es in seinem grünen Verstecke entdecken willst.

Die Brust der Fangheuschrecke ist ganz merkwürdig gestaltet. Das vordere Stück derselben ist schmal und so lang wie die Hälfte des übrigen Körpers. Das Tier trägt dies vordere Stück aufrecht, als ob es ein Männchen macht, wie ein Kaninchen, das sich den Bart putzt. An dem wagerechten Teile der Brust sind die vier Flügel und auch vier lange, dünne Beine, mit denen die Fangheuschrecke laufen und hüpfen kann, wie sein Vetter, das Graspferd. An dem aufgerichteten Bruststück hat es noch zwei andere Beine, die es emporhält, als hätte es dieselben zum Beten gefaltet. Die Leute in Tirol nennen das Tier deshalb auch Gottesanbeterin; andre sagen: nein, es sieht aus wie ein Wegweiser.

Daß ein solches Tierchen auf seinem Zweig kein Gebet kennt, wie ein Menschenkind, weißt du schon selbst; wenn es aber aus dem Vaterunser etwas beten würde, so möchte es wohl die eine Bitte sein: „Unser täglich Brot gib uns heute!“ Diese würde es den ganzen Tag wiederholen und vielleicht die Nacht hindurch auch noch. Sein Hunger ist groß, aber es hat auch einen Vater im Himmel, der für denselben sorgt. Für das Tierlein würde es aber mit der bloßen Bitte nicht genug sein, es muß auch arbeiten. Gibt Gott den Menschen die Kuh nicht am Horn, so gibt er der Heuschrecke die Fliege, von der sie lebt, nicht am Bein — sie muß diese erst fangen. Zum Fange aber sind ihre vorderen Beine ausgezeichnet gebaut, besonders die beiden vorderen Glieder derselben. Das mittlere Glied ist sehr stark und kräftig und wird senkrecht emporgerichtet getragen. Auf seiner unteren Seite, die dann nach vorn steht, ist in der Mitte eine tiefe Furche. Zu beiden Seiten derselben stehen scharfe harte Kanten hervor mit vielen spitzen Zacken, wie mit Zähnen besetzt. Das vorderste Glied paßt in die Furche des Mittelgliedes hinein wie ein Einschlagemesser ins Heft. Es trägt an seiner unteren schmalen Seite ebenfalls scharfe, dornige Spitzen. Klappt das Tier diese beiden Fußglieder kräftig zusammen, so kann es ein gefangenes weiches Insekt mitten durchschneiden. Ja, ein Naturforscher, der eine Fangheuschrecke lange Zeit in einem Glase hielt und fütterte, sah, daß sie sogar andre große Heuschrecken, junge Frösche und einmal selbst eine Eidechse, die dreimal länger als sie selbst war, damit tötete und nachher verzehrte. Der Kopf der Fangheuschrecke ist nur klein, hat aber am Maule tüchtige Freßzangen mit scharfen Zähnen, oben zwei lange, dünne Fühler, zwei sehr große, zusammengesetzte und drei kleinere, einfache Augen.

Der Leib der Fangheuschrecke ist zwar nur dünn, aber es wohnt ein großer Hunger darin! Denn es ist ihm nicht leicht gemacht, satt zu werden. Die Fliegen, Käfer und Schmetterlinge haben es darin viel bequemer: sie trinken süßen Saft von Blumen und Sträuchern, ihre Raupen verzehren die grünen Blätter; Blumen und Blätter laufen nicht fort, sie lassen sich ruhig verspeisen. Grünes Gemüse bekommt der Fangheuschrecke nicht, sie kann nur von anderm Getier satt werden. Das hat aber gute Augen, schnelle Beine und Flügel, und kann sich im Notfall auch verteidigen. Da gilt es, flink zufassen und tapfer kämpfen, wenn nicht gehungert werden soll — und Hunger tut weh!

So sucht sich denn die Fangheuschrecke ein geeignetes Plätzchen zwischen den Blättern aus, an dem sie von den Fliegen nicht leicht entdeckt wird, während sie selbst alles genau sieht. Hier lauert sie auf einen Fang, wie ein Tiger auf Beute. Mancher fette Braten schnurrt ihr dicht am Munde vorbei, ohne sich fassen zu lassen. Drunten springt wohl gar eine flinke Eidechse, die nicht übel Lust hat, die Heuschrecke droben selbst zu verzehren. Manches Stündchen vergeht, und noch hat das Tierlein kein Frühstück genossen. Jetzt endlich läßt sich eine große Fliege vorn auf dem Zweigende nieder, um auszuruhen. Sie hat von den reifen Trauben genascht und von allerlei Beeren gekostet. Wer weiß, wo sie ihre Eier unterbringen will, und was die ausschlüpfenden Maden dann für Unheil anrichten würden, wenn nicht die Heuschrecke dazwischen käme! Diese schleicht aber behutsam Schritt für Schritt der ruhenden Fliege näher, die sich im behaglichen Sonnenschein wärmt und mit den Beinen den Staub von den Flügeln putzt. Jetzt dreht sich die Fliege herum, so daß sie die Heuschrecke sehen kann, wenn sie aufpaßt. Wie verzaubert bleibt diese unbeweglich stehen. Die Fliege merkt nichts, vielleicht hält sie das lauernde Tier für ein Blatt oder ein Zweigendchen. Jetzt wendet sich die Fliege wieder nach der andern Seite, und die Heuschrecke marschiert ebenso schnell als vorsichtig wieder näher. Endlich ist sie nahe genug; ein Sprung und ein sicherer Griff — die Fliege ist gefaßt und getötet, das Frühstück verdient und bald darauf verzehrt. Fürs Mittagsbrot wird dann auch schon Rat werden! Der die Raben im Walde speist und die Adler im Hochgebirge, er sorgt auch für die Heuschrecke im Busch.

41.

Edle Kastanien.

Heute mußt du einmal ein wenig still halten und eine gelehrte Untersuchung des edlen Kastanienbaumes mit ausführen helfen. Du hast Wein und Feigen, Pfirsichen und andre Herrlichkeiten so vielfach gehabt, daß du auch ein Stückchen ernsterer Wissenschaft mit in den Kauf nehmen kannst.

Daheim in Norddeutschland wächst an den Promenaden der Stadt und in den Gärten die Roßkastanie in mehreren Arten. Am gewöhnlichsten ist die weißblühende mit gelben und roten Tüpfelchen, dann kommt aber eine rotblühende Art vor und hier und da auch eine gelbblühende. Bei allen diesen drei Sorten sind die Blätter zu fünf bis sieben beisammen an demselben Stiele, wie die Finger an einer Hand. Die Blüten bilden schöne Trauben und stehen senkrecht auf den Zweigen, gerade wie kleine Blumenpyramiden oder wie Lichter auf dem Christbaum.

Die edle Kastanie, unter deren Schatten wir uns hier niedergelassen haben, ist ein ganz anderes Gewächs. Sie ist in ihrem Blatt- und Blütenbau nicht im entferntesten mit der Roßkastanie verwandt, sondern vielmehr mit der Eiche und Buche. Sie bildet einen kräftigen, schönen Baum mit starkem Stamm. Im Wuchs ähnelt sie etwas der Rotbuche. Die Blätter stehen abwechselnd einzeln an den Zweigen entlang. Jedes ist eine Spanne und darüber lang, dabei zwei bis drei Finger breit, sie sind lederartig fest, schön glänzendgrün und am Rande dornspitzig gesägt.

Die edle Kastanie hat zweierlei Blüten, gerade wie Buche und Eiche auch haben, nämlich Staubblüten und Stempelblüten. Die Staubblüten hängen als handlange, dünne Blättchen aus den Blattwinkeln herab und sehen unansehnlich grünlich aus. Sobald sie den Blütenstaub zum Befruchten der Stempelblüten ausgestreut haben, fallen sie ab. Die letzteren sind noch unansehnlicher als die Staubblüten. Ihre Narben haben zwar eine rote Färbung, sie sitzen aber nur in kleinen, stachligen, grünen Becherchen am Grunde der Staubblütentrauben, ähnlich wie die Stempelblüten der Eichen und Haselnüsse.

Nachdem die Staubblüten abgefallen sind, werden die Stempelblüten allmählich größer. Ihre roten Narben verwelken, die Samen aber und die Umhüllung derselben wachsen und erlangen bis zum Oktober ihre völlige Reife. Die äußere Samenhülle, der Becher, ist ähnlich wie bei der Rotbuche mit Stacheln besetzt, nur sind dieselben bei der Kastanie zahlreicher, feiner und stechend scharf. Die reifen Kastanienfrüchte sehen fast aus wie kleine Igel. Die Fruchtbecher reißen bei der Reife unregelmäßig in mehrere Teile auf. In jedem derselben befinden sich zwei oder drei Samen: die Kastanien oder Maronen. Diese haben in Größe und Farbe Ähnlichkeit mit den Samen der Roßkastanien, oben endigen sie aber mit einem Spitzchen, auf welchem ein Büschelchen feiner Haarborsten steht.

Zweig von edler Kastanie.

a Staubblüten, natürliche Größe; a' eine derselben vergrößert; b Stempelblüte in natürlicher Größe; b' dieselbe vergrößert; c die aufgesprungene Frucht mit den Samen; d ein Samenkorn (Kastanie) aus derselben in $^{2}/_{3}$ der natürl. Größe; e ein Zweig mit Blättern, um die Hälfte verkleinert.

Die Samen der Roßkastanie schmecken bitter und herbe. Sie sind für die Menschen ungenießbar. Bei Krankheiten der Pferde sollen sie als Arznei angewendet worden sein, daher soll der Baum den Namen Roßkastanie erhalten haben. Die echten Kastanien schmecken dagegen geröstet süß und mehlig. Es gibt auch von ihnen verschiedene Sorten, sowie man verschiedene Arten Äpfel, Birnen, Kartoffeln u. dergl. hat. Solche Kastaniensorten, deren Früchte sich durch Wohlgeschmack und Größe besonders auszeichnen, vermehrt man in den Pflanzungen durch Pfropfen, in ähnlicher Weise, wie die besseren Obstsorten auf geringere Stämme übertragen werden. In manchen Gegenden Italiens bereitet man aus den Maronen Mehl und benutzt dasselbe zu allerlei Speisen und Backwerk. Die edlen Kastanien haben deshalb für die ärmeren Bewohner mancher Landschaften Südeuropas dieselbe Wichtigkeit, wie bei uns für viele Leute die Kartoffeln. Ein Kastanienwald ist daselbst einem Getreidefelde vergleichbar, während die bei uns gewöhnlichen Roßkastanien nur dem Borstenvieh Nahrung liefern. Bei uns im mittleren und nördlichen Deutschland ist für die edle Kastanie der Winter zu kalt. Sie wächst nur an geschützten Stellen als Zierbaum.

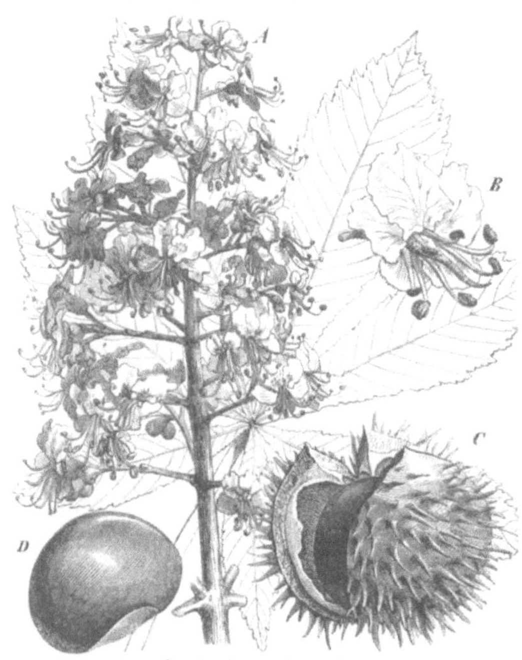

Zweig einer Roßkastanie.

A Blütentraube in halber Größe; B eine einzelne Blüte in natürlicher Größe; C die aufgesprungene Fruchtkapsel; D ein Samenkorn aus derselben in halber Größe.

Das Holz des Kastanienbaumes ist als Bau- und Nutzholz sehr geschätzt, da es die Nässe und den Einfluß der Witterung gut verträgt. Man wendet es deshalb gern an, wo es dem Wetter ausgesetzt ist. So macht man die Pfeiler der Weinlauben (Pontainen) in den Weingärten stets aus Kastanienholz. Als Brennholz taugt es dagegen nichts.

Bei einer Rast unter dem Schatten der edlen Kastanie ist in den heißen Tälern des Südens ein wenig Vorsicht am rechten Orte, denn gerade das Wurzelgeflecht der Kastanien, das sich an der Oberfläche des Bodens hin ausbreitet, ist ein Lieblingsaufenthalt des giftigen Skorpions, der sich dort während des Tages verbirgt.

42.

Wiesenbewässerung.

Hermann an seinen Bruder Karl.

Lieber Karl!

Zwar habe ich Dir schon einmal von den Alpenwassern erzählt, ich muß Dir aber noch etwas davon mitteilen, was uns gerade hier in Südtirol auffällt!

Mitunter macht das Wasser den Leuten in den Alpen große Not, wenn es in zu großer Menge auf einmal kommt, ein andermal dagegen wieder, wenn zu wenig davon vorhanden ist. Manche Gebirgsbäche und Flüsse, z. B. die Passer, die bei Meran in die Etsch fließt, auch die Etsch selber, schwellen gelegentlich so stark an, daß sie ringsum alles überschwemmen und arge Verwüstungen anrichten. An ihrem Ufer entlang führt man mit großen Kosten feste Dämme auf, und doch sind diese nicht immer ausreichend.

Bei unsern Fußwanderungen sind wir aber auch wieder über Wiesenflächen an Bergabhängen gekommen, die von der heißen Sonne ganz gelb gesengt und verdorrt waren, weil es ihnen an Wasser fehlte. Der Rasen war dadurch so glatt geworden, daß man leicht darauf ausglitt.

Wo ein Bächlein aus dem Gebirge kommt, wird es von den Leuten sorgsam in Gräben nach den Bergwiesen geleitet. Hat es nun eine Zeitlang nicht geregnet, und es wird nötig, die Wiesen zu bewässern, so sticht man Öffnungen in den Grabenrand, und das Wasser rieselt dann nach allen Seiten über die Matten herunter, natürlich auch über die Fußwege, die darüber führen. Wir sahen einmal einen Bergabhang bewässern, da mußten wir länger als eine Viertelstunde immer im Wasser patschen und noch froh sein, daß es uns nicht in die Schuhe hineinlief.

Wir haben hier Wasserleitungen gesehen, die auf hohen Pfeilern und an Felsenwänden entlang über Abgründe hinweg das Wasser nach den gegenüberliegenden Hügeln brachten. Solche Bergwasser gehören sogar manchmal bestimmten Personen und werden gelegentlich an andre verkauft, wie bei uns ein Haus oder ein Feld. Wer daraus sein Wiesenland bewässern will, muß dem Wasserbesitzer dies besonders bezahlen. Es wurde uns erzählt, daß mitunter 3—4 Gulden bezahlt werden, wenn aus einer Öffnung von einem Quadratfuß das Wasser eine Stunde lang auf die Wiesen gelassen wird. Jene Wasserverpachter haben aber auch die Wasserleitungen immer in Stand zu erhalten. Mitunter wird ein Bach so vollständig auf die Wiesen und Matten verteilt, daß sein Wasser verbraucht wird, und sein gewöhnliches Bett leer ist.

An der Eisack helfen sich die Tiroler auf andere Weise. Sie bringen am Ufer des Flusses Schöpfräder an; dies sind große Wasserräder, ähnlich wie bei unsern Mühlen, nur stehen sie ein wenig schräg im Wasser und sind mit einer Anzahl Schöpfkästen versehen. Der Fluß fließt rasch und treibt die Räder um, dabei füllen sich die Kästen mit Wasser, werden in die Höhe gehoben und beim Niedergehen ausgeschüttet. Das ausfließende Wasser ergießt sich in Rinnen, kommt aus diesen in Gräben und so auf die Felder (s. die Abbildung S. 162).

Das Quellwasser ist hier so klar und schön frisch, daß es eine wahre Lust ist, davon zu trinken. Der Tiroler Wein schmeckt zwar auch recht gut, er macht aber beim Wandern immer noch mehr Durst, deshalb ist mir das Wasser noch viel lieber. Freilich muß man sich dabei in acht nehmen, daß man sich nicht erkältet, weil es so frisch ist. Wenn es sich verschicken ließe, würde Dir eine Probe davon mitsenden

Dein Hermann.

43.

Die Singzikade.

Die Sonne scheint heiß, die Luft ist schwül, der weiße Fels blendet im grellen Licht. Der Schatten des Gebüsches ladet zur Ruhe ein. Die Bäume und Sträucher hier im Süden Tirols sind größtenteils andre als bei uns im Norden.

Die Eiche, welche hier wächst, ist keine norddeutsche, es ist die sogenannte „weichhaarige“. Ihre Blätter sind härter, diejenigen der oberen Sprossen sind viel schärfer und vielseitiger zerschnitten.

Daneben steht die Hopfenbuche mit den sonderbaren Fruchtbüscheln, die ganz an die Zapfen des Hopfens erinnern. Dann begrüßen wir hier den Zürgelstrauch mit seinen zähen, elastischen Zweigen, welche die biegsamen Tiroler Peitschenstiele liefern; dann folgen der Walnußbaum und die edle Kastanie. Auch kleinere Sträucher, ehedem in den Gärten und in den Hecken gepflegt, verwildern hier: so duftet dicht am Wege die zierliche Myrte, daneben öffnet die Granate ihre feurigen Blüten und reift ihre Äpfel.

Das Gesträuch, in dessen Schatten wir ruhen, besteht aus Steineschen. Die Blätter derselben haben mit unsern nordischen Eschen viel Ähnlichkeit, die Blüten dagegen, welche die Steineschen im Frühlinge tragen, sind mit Blumenblättern versehen und duften angenehm.

Welch ein Konzert läßt sich rings um uns hören! Schon aus ziemlicher Ferne, ehe wir in die Nähe des Gebüsches kamen, hörten wir die sonderbare Musik. Sie klang uns fast wie das Rauschen eines entfernten Wasserfalles: je näher wir kamen, desto deutlicher unterschieden wir einzelne Laute. Jetzt zirpt es links, jetzt rechts, jetzt dort vorn, dann in dem Gebüsch hinter uns. Einmal singen deutlich einzelne Stimmen, hierauf folgt ein Zweigesang, endlich der volle, vielstimmige Chor. Der Gesang besteht aus einer großen Anzahl metallisch klingender schwirrender Töne und endigt gewöhnlich mit einem so sonderbar lang=

gezogenen „Ah!“, daß wir hell auflachen mußten, als wir es zum erstenmal deutlich hörten. Wir sitzen mitten in einer Schar Singzikaden (Cicada plebeja), ohne einen einzigen der kleinen Sänger zu sehen. Nur erst bei genauerem Nachspüren entdecken wir die lustigen Musikanten in ihren Verstecken unter den Blättern der Eschen. Die Musik hat etwas Ähnlichkeit mit dem Zirpen der Grillen und Heimchen, ist aber lauter und schärfer als dieses. Wir vermuten deshalb ein Wesen zu finden, das auch in seiner Gestalt mit unsern einheimischen Feldgrillen und Heuschrecken Ähnlichkeit hat. Behutsam schleichen wir nach der Stelle hin, von welcher ein lautes Singen erklingt. Dort sehen wir ein Tier, das einer breitgedrückten, sehr großen Fliege ähnlich sieht. Es ist das Männchen, welches singt, also ähnlich wie bei den Singvögeln. Die Weibchen hören dem Konzert aufmerksam zu — womit sie aber hören, wissen wir nicht, denn man hat noch kein Ohr bei ihnen entdeckt.

Wir nehmen unser Fangnetz zur Hand, um den kleinen Musikanten erhaschen und in der Nähe besehen zu können. Sowie wir aber das Netz heben, merkt auch die Zikade ihren Feind und schwirrt schnell mit lautem Geschrei davon. Ein günstiges Ungefähr und ein glücklicher Zug bringt sie aber dennoch ins Netz. Jetzt stößt die Zikade rasch nacheinander zahlreiche Töne aus, denen ganz ähnlich, wie sie ein gefangener junger Sperling hören läßt. Nachdem sie sich von ihrem Schrecken erholt hat, können wir das sonderbare Geschöpf in aller Muße betrachten. Wollen wir sehen, wie es die Musik hervorbringt, so brauchen wir es nur ein wenig am Bauche zu kitzeln.

Die Singzikade ist länger als ein Fingerglied (3 cm) und trägt vier flachliegende glashelle Flügel, von denen die beiden vorderen bedeutend länger sind als die hinteren. Der Kopf ist nur kurz und breit, mit einem Stachel bewaffnet, vor dem wir uns aber nicht zu fürchten brauchen. Das Interessanteste an dem Tiere ist das Instrument, mit dem es Musik macht. Zunächst denken wir etwa, es singe mit dem Munde, wie der Vogel mit dem Schnabel, oder es reibe etwa mit dem Bein an dem Flügel, wie es die Grille tut — keines von beiden trifft zu! Die Zikade musiziert auf eine ganz andere Weise. Da, wo das Bauchstück ihres Körpers an die Brust anstößt, liegt an ersterem der Singapparat. Er fällt auf der Unterseite des Leibes schon als zwei weiße Flecke auf. Auf jeder Seite des Bauches ist eine kleine Höhlung. In jeder derselben liegt eine feine Haut, ein Trommelfell, das sich beim

Atemholen des Tieres anspannt und wieder nachläßt. Die Höhlungen dahinter dienen zur Verstärkung des Schalles.

Nur die Männchen der Zikaden haben, wie gesagt, dieses Musikinstrument. Ganz nach Belieben können sie mit demselben aufspielen oder schweigen. Am frühen Morgen begrüßen sie sich und erkundigen sich auf diese Weise gegenseitig nach dem Befinden; dann singen sie sich den lieben langen Tag hindurch beim warmen Sonnenschein ihre lustigen Lieder ohne Worte vor.

Singzikade. (Natürl. Gr.)

Mit ihrem scharfen Stachel erlegen die Zikaden, wie das tapfere Schneiderlein im Märchen, die Fliegen, wenn auch nicht „Sieben auf einen Streich", so doch eine nach der andern, wenn sie zu nahe kommen. Sie verzehren aber dieselben auch. Gelegentlich bohren sie auch mit dem Stachel in die Zweige der jungen Eschen und trinken den Saft derselben. Der Saft der Steinesche ist süß und fließt nach solchen Verwundungen aus. Er gerinnt an der Luft zu festen Tropfen, die als Eschenmanna gesammelt und an den Apotheker verkauft werden. Bitte dir in der Apotheke daheim etwas Manna aus und koste es. Du kannst es ohne Schaden verzehren. Es schmeckt süßlich, etwas ähnlich wie Honig und Zucker.

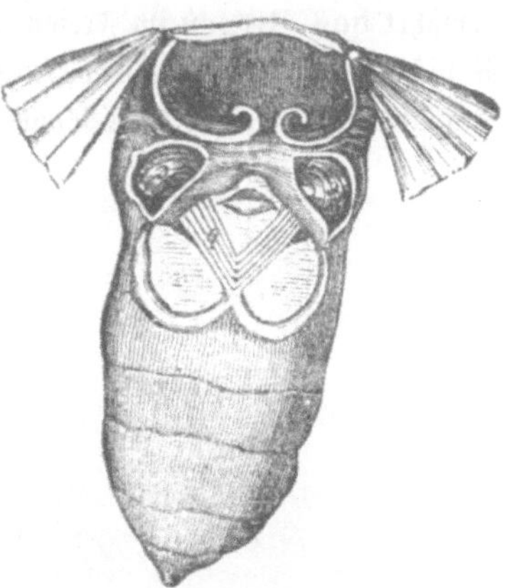

Singwerkzeuge derselben. (Vergrößert.)

Die Weibchen der Zikaden besitzen am hinteren Ende des Leibes ein künstliches Werkzeug, aus Stacheln und scharfen Sägespitzen bestehend. Mit diesem können sie in dürre Zweige einbohren und dort ihre Eier verbergen. Die kleinen Tierchen, welche aus den Eiern hervorschlüpfen, kriechen bald darauf unter den Zweigen hervor und wandern zur Erde hinab. In dieser finden sie Unterhalt und Logis und leben dort, bis sie sich mehrmals gehäutet und endlich eingepuppt haben.

Ist zuletzt die vollkommene Zikade wieder aus der Puppe geschlüpft, so schwirrt sie nach den Gebüschen und Bäumen empor und setzt im nächsten Sommer die Singstunde weiter fort, die im Spätherbst vorigen Jahres aufgehört hatte.

Außer der gemeinen Singzikade, die, genau gemessen, $3^1/_2$ cm lang und vorn $1^1/_2$ cm breit ist, wohnen hier in den sonnigen Gebüschen noch zwei andere Arten desselben Geschlechts. Die eine derselben ist die Eschenzikade (Cicada Ornis); diese mißt nur $2^1/_3$ cm in der Länge und $^3/_4$ cm in der Breite. Ihr Gesang weicht etwas von dem beschriebenen ab und ähnelt mehr dem Geschrei des Laubfrosches. Die dritte Art, die graue Zikade (Cicada haematodes), ist die kleinste von ihren Geschwistern und kommt seltener vor. Da sie ganz dieselbe Farbe hat wie die Rinde der Eiche, auf welcher sie auch meistens sitzt, so wird sie leicht übersehen. Ihr Gesang hat die meiste Ähnlichkeit mit dem mancher Heuschrecken und gleicht einem rasch aufeinander folgenden „Tick, tick, tick!"

Die Dichter der Alten haben das Zirpen und Schwirren der Zikaden als einen Gesang gepriesen; sie haben dadurch dargetan, daß sie eben keine großen Anforderungen an eine Naturmusik stellten. Wir können uns nicht entschließen, in jenes Lob geradezu einzustimmen; hingegen gewährt das Zirpen im Freien immerhin eine Abwechselung neben dem Rauschen des Windes, dem Brausen des Bergstromes und Plätschern der Schöpfräder, welche erquickendes Naß zum Bewässern der Felder liefern.

Bewässerungsrad am Ufer der Eisack.

44.

Walnüsse.

Das heftige Gewitter hat uns in das kleine Wirtshaus im einsamen Dörfchen getrieben. Die Berge ringsum sind in Wolken gehüllt. Der Regen strömt nieder. Das weite Tal ist verschwunden, wir sehen kaum noch bis zur nächsten Hecke. Gleich Gefangenen sitzen wir im engen Stübchen. Das Stubengerät, die Bilder an den Wänden, die Jalousieläden an den Fenstern, die Eisenstäbe dazu, die Sprache der Leute, ihre Tracht und ihr Treiben — alles mutet uns fremd an. Fast könnten wir bei dem trüben Wetter Sehnsucht nach Hause bekommen oder wenigstens nach einem alten Bekannten, mit dem wir ein wenig plaudern könnten von vergangenen Zeiten.

Was suchen wir lange? Steht nicht der prächtige Walnußbaum dicht an dem Fenster und schüttelt sein glänzendes Laub im Wetterguß, wie ein mutwilliger Knabe sich schüttelt unter der Brause des Regenbades? Sei gegrüßt, alter Freund, doppelt gegrüßt hier in fremdem Lande!

Walnüsse und Lichterbaum, sind sie nicht liebe Genossen des langen Winters im kalten Norden, unzertrennliche Begleiter der heiligen Weihnachtszeit?

Weißt du noch, wie du zur Adventszeit in der Stunde der Dämmerung aufmerktest, ob draußen sich vor der Stubentür etwas regte? Ob die Tür sich plötzlich ein wenig öffne und durch die schmale Lücke ein polternder Regen klappernder Walnüsse hereintanze? Weißt du noch, wie sie herumsprangen auf Tischen und Stühlen und auf den Dielen entlang rollten bis unter den Schrank und unter die Kommode im Winkel? Was war nun am ehesten zu tun? Solltest du zunächst nach den Schätzen greifen und zugleich mit den kleineren Brüdern die Reichtümer zusammenlesen? oder solltest du etwa dem Forscheifer folgen und zuerst nach der Tür eilen und der segenspendenden Hand nachspüren, den vielbesprochenen Knecht Ruprecht draußen zu entdecken, ehe er die Treppe hinab wieder enteilt? So zwischen beiden Vorsätzen unschlüssig schwankend, standest du still. Währenddessen entschlüpft der geheimnisvolle Spender, Vorsaal und Treppen sind leer, und hier haben die Brüder bereits die Herrlichkeiten in den Taschen. Hätten sie nicht redlich und brüderlich mit dir geteilt, du wärest leer ausgegangen!

Und nun zu Weihnachten selbst, wenn die Nüsse vergoldet und versilbert am Baum neben den rotbäckigen Äpfeln und dem Zuckerwerk hängen, wie hast du dir manchmal den Kopf zerbrochen über den Baum, der solcherlei Frucht trägt! Ob er schon zu Adams Zeiten im Paradiese gestanden, oder erst vom Christkindchen eigens gepflanzt und gepflegt worden sei?

Als du größer geworden, lauschtest du aufmerksam in der Woche vor Weihnachten: ob im Marktkorb der Mutter oder in der Tasche des Vaters es leise raschele und der magische Klang die eingewanderten Walnüsse verriete. Du rechnetest dich schon zu den „Großen", als du zum erstenmal die Erlaubnis bekamst, den Baum mit anputzen zu helfen. Dir wurde das Vergolden der Nüsse zu teil. Der Vater hatte bereits die Fadenstückchen mit tropfendem Siegellack an dem dicken Ende der Nuß befestigt. Du tauchtest die braunen Gesellen in die Tasse mit Zuckerwasser, tupftest sie dann auf das funkelnde Goldblatt und drücktest mit dem Wattenbäuschchen den glänzenden Schmuck fest. So lagen sie Haufen bei Haufen, kostbare Geschütze zum Freudenfeste, leuchtende Sterne für die dunkle Tanne.

Inzwischen ward auch die eine oder die andre geschlachtet und als Vorgeschmack künftiger Herrlichkeit zum Wohle aller geopfert. Ein besonderes Kraftstück war es dann, zwei Nüsse zusammen in der Hand einzuschließen und die Schale der einen mit Hilfe der andern zu zerdrücken. War ein Neuling dabei als Gast, so ward ihm die Aufgabe gestellt, eine tüchtige Nuß im Ellenbogengelenk zu zerbrechen. Während er nun vergeblich sich abmühte, vollführte der Lehrmeister das Kunststück mit Leichtigkeit, legte eine Nuß zum Schein ins Gelenk, zerbrach eine andre Nuß in der Hand mit Hilfe einer dritten und vertauschte dann dieselbe geschickt mit jener im Ellenbogen.

Walnußbaum.

Ward am Sylvester der Christbaum geplündert, wurden die Nüsse verteilt und die Haufen mit Hilfe des dazwischen gelegten Messers: „Was willst du, Schneide oder Rücken?“ verlost, so begannen die Walnüsse ihre weiteren Wanderungen und Wandlungen.

Beim lustigen Spiele marschierten sie aus einer Hand in die andre. Heute mußten sie sich zu Schnurren und Pfeifenköpfen verarbeiten lassen, morgen durch ein Hölzchen, das mittels einer umwirbelten Schnur auf die hohle Schale gebunden und mit ein wenig Pech angeklebt war, zu springenden Mäuschen werden. Dann wieder rollten sie als Kanonenkugeln gegen die Bleisoldaten oder prasselten als Bomben in die Festung, die aus den Steinen des Baukastens kunstgerecht aufgebaut war.

Von Tag zu Tag schmolz ihre Heerschar zusammen, schließlich war nur eine Anzahl Schalen noch übrig. Doch zuletzt kam noch ein Hauptfest. Am Dreikönigstage verwandelten sich alle Nußschalen in Schiffe: Lustgondeln und Panzerfregatten, Frachtschiffe und Dampfboote. Eine deutsche Flotte ward rasch hergestellt, alle Fahrzeuge bewimpelt und mit Flaggen geschmückt, Papierstückchen in Holzspänchen geklemmt und mit einem Wachstropfen festgeklebt. Jedes Boot erhielt dann in die Mitte sein brennendes Wachslicht, und alle schwammen auf dem Ozean einer Schüssel voll Wasser. Sie begannen ihre Kreuzzüge und Irrfahrten, ihr Wettsegeln und ihre Seegefechte. Hier nahten sich zwei auf ihrer Fahrt, als zöge jedes das andre an mit einem verborgenen Magnet. Jetzt berührten sie sich und segelten eng vereint weiter. Ein Atemzug wird zum Sturmwind. Die See kräuselt sich, die Wellen gehen hoch, ein Schiff kommt in Not; es schwankt und wankt, jetzt schöpft es Wasser! Zischend verlöscht das Licht, und mit Mann und Maus geht das Fahrzeug zu Grunde.

Im vorigen Winter triebst du die Nußstudien schon wissenschaftlicher! Von jedem Krämer und von jeder Hökerin deiner Bekanntschaft erbatest du dir eine Nußprobe und brachtest so ein gutes Sortiment der verschiedenen Walnüsse zusammen: kleine und große, kugelige und langrunde, helle mit papierdünnen Schalen und schönen, großen Kernen, und andre, deren Schalen hart wie Stein und deren Kern desto kleiner, geräucherte und ungeräucherte, ja selbst amerikanische. Dann untersuchtest du die Kerne nicht bloß nach dem Geschmack, sondern auch nach ihrem Bau, und warst sehr verwundert zu hören, daß die beiden süßen, öligen Hälften eigentlich die Samenblätter des Keimpflänzchens seien, die ersten Blätter des künftigen Nußbaumes. Im Frühjahr opfertest du sogar eine ganze Nuß einem gelehrten Versuche: du pflanztest sie höchst eigenhändig in ein Gartenbeet und freutest dich königlich, als nach ungefähr sechs Wochen das junge Pflänzchen zum Vorschein kam und dann fröhlich weiter wuchs. Jetzt ist's ein Bäumchen geworden. Du beabsichtigst im nächsten Jahre ein Pfropfreis von einer besonders schönen Walnußsorte darauf zu setzen. Wird es einst groß sein und Anstalt zum Fruchttragen machen, so wirst du Gelegenheit finden, dich auch über den Blütenbau des Walnußbaumes genauer zu unterrichten. Es hat dieser Baum, ähnlich wie die edle Kastanie, auch zweierlei Blüten: solche, die nur Staubgefäße mit Blütenstaub tragen und die in Form langer Kätzchen beisammenstehen, und solche, die einzeln oder zu zwei bis drei am Ende der Ästchen stehen, welche Stempel mit Fruchtknoten enthalten, aus denen die Nüsse sich bilden. Möge dir dein Pflegling auch einst zahlreiche Nüsse bescheren.

Der Winter ist dem Walnußbaum bei uns im Norden häufig zu rauh. Der Frost tötet ihm nicht selten die jungen Zweige und vernichtet die Ernte; — aber hier in Südtirol, wo schon die warme Luft Welschlands hereinweht, gedeiht er herrlich. Statt der langweiligen Pappeln säumen hier prächtige Nußbäume die Seiten der Landstraßen und schütteln im Herbst Säcke voll köstlicher Nüsse herab. Die grünen Schalen erhält der Färber zum Braunfärben, die Nüsse aber werden wagenweise über die Alpen bis nach dem Norden von Deutschland verführt, um Weihnachten feiern zu helfen. Selbst das schöne, grünlich braune, dunkelgeflammte Holz der Stämme macht jene weite Reise gelegentlich mit, um, zu Geräten verarbeitet, die Prunkzimmer zu zieren. Hier in Tirol treffen wir sogar in Zimmern nur mäßig begüterter Leute Tische, Schränke, Stühle und andre Gegenstände aus Nußbaumholz hergestellt. Es ist dies sehr dauerhaft, nimmt eine herrliche Politur an und sieht prächtig aus. Besonders schön nehmen sich diejenigen Sachen aus, welche aus den verwachsenen Wurzelstöcken gefertigt wurden, da bei ihnen die prächtigsten Maserbildungen stattfinden. Bei unsern Wanderungen begegneten uns auf der Landstraße mehrfach Fuhrwerke, mit starken Pfosten von Walnußholz beladen. Hiesige Holzhandlungen senden eigens Reisende nach dem Norden, um Bestellungen auf die geschätzte Holzsorte anzunehmen.

So sind wir hier an der Quelle, aus der die Walnüsse des Weihnachtsbaumes stammen, und wenn sie nächsten Winter daheim auf dem Tische wieder ihre lustigen Sprünge machen, kannst du deinen Brüdern erzählen von den Alleen aus den schönen Walnußbäumen fern in Tirol.

45.

Spielwaren-Fabrikation.

(Holzschnitzerei im Grödner Tale.)

Hermann an seinen Bruder Karl.

Lieber Karl!

Nun weiß ich auch, wo die hölzernen Soldaten herkommen und wie sie gemacht werden, ebenso die kleinen Pferde und alle Tiere der Arche Noah. Die Leute sagen immer: es sind Nürnberger Spielsachen, es werden aber nur sehr wenige davon in Nürnberg selber gemacht; die Nürnberger Händler verkaufen sie nur, angefertigt werden sie aber zum größten Teile in den Gebirgen.

Von der Seiser Alp herab stiegen wir in ein sehr nettes Tal, welches das Grödner Tal heißt. In diesem liegen drei Dörfer mit recht niedlichen Häuschen, alle freundlich und hübsch angestrichen, als wären sie aus einem Spielschächtelchen genommen. Eins jener Dörfer heißt St. Ulrich, in diesem waren wir. Der Gastwirt daselbst, bei dem wir einkehrten, erzählte uns: in dem Grödner Tale wohnen ungefähr 3500 Leute und 2500 davon sind Holzschnitzer.

Gleich neben dem Wirtshaus ist eine große Ausstellung von geschnitzelten Sachen, diese haben wir besehen. Es waren hier aber so vielerlei verschiedene Dinge aufgestellt, daß ich sie Dir gar nicht alle nennen kann. Der Vater hat für Dich eine kleine Sennhütte gekauft und eine Ziege dazu, für Albert einen Tiroler Jäger und eine Gemse und für die Mutter auch etwas, das ich aber nicht nennen soll. Wir bringen alles im Ranzen mit, wenn wir nach Hause kommen.

Ich war sehr neugierig, zu sehen, wie die Leute die Sachen machen, und der Vater ging mit mir zu einem Holzschnitzer, um es mir zu zeigen. Du weißt, was wir für Not hatten, als dem einen Kanonenpferde das Bein gebrochen war und wir ihm ein neues machen wollten. Du hattest Dich dabei in den Finger geschnitten, und ich stach mich mit dem Bohrer. Zuletzt wackelte das Bein immer noch, und das Pferd wollte nicht stehen. Hier kostet eine ganze Schachtel voll Pferde etwa 10 Neukreuzer, das sind nach unserm Gelde 20 Pfennig. Alle sind sauber angestrichen und Satteldecken und Lederzeug daran gemalt. Die Soldaten sind nicht teurer, und einer ist gerade so wie der andre.

Die Holzschnitzer machen aber nicht etwa jeder erst einen Soldaten fix und fertig und dann einen zweiten, sondern die Sache geht so zu. Die ganze Familie des Holzschneiders hilft mit, der Vater und alle Kinder: Jungen und Mädchen. Der Vater sitzt an der Drechselbank und hat eine Scheibe aus Arvenholz eingeschraubt. Diese dreht er mit dem Meißel aus. Je nachdem er nun Soldaten oder Pferde oder etwas andres machen will, dreht er auch verschiedene Rinnen und Ritzen hinein, so ähnlich, wie ich es hier nebenan hingemalt habe. Hat er eine Scheibe zu den Soldaten fertig, so bekommt sie der älteste Junge und spaltet mit dem Schnitzmesser lauter einzelne Soldaten daraus. Aus einer solchen Scheibe wird gleich eine ganze Kompagnie. Ein zweiter Junge hat aus einer andern Scheibe Arme für die Soldaten gespalten und zurecht geschnitzt. Diese werden dann angeleimt. Da muß natürlich einer gerade so aussehen wie der andere. Ein Mädchen malt den Soldaten die roten Hosen, das zweite die blauen Röcke, und das dritte macht lauter Schnurrbärte. Das geht zuletzt bei allen so rasch, daß man's kaum sehen kann, und wird ganz sauber und hübsch.

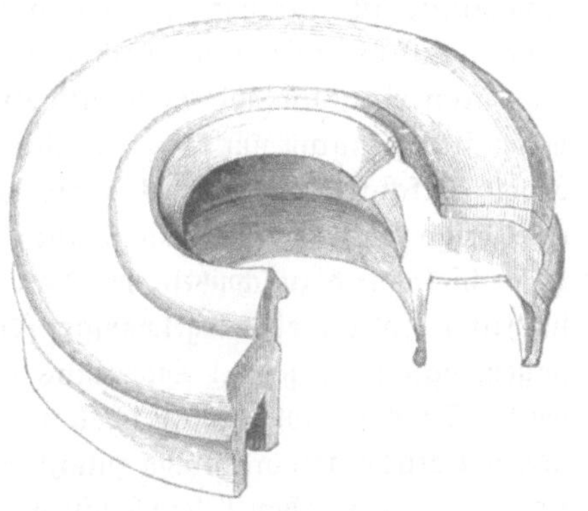

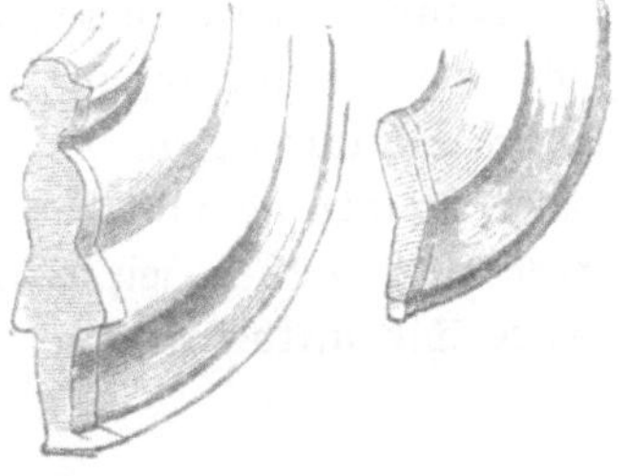

Das Lustigste hier sind aber die Menge Gelenkpuppen. Du kannst es Starkes Ida und Schmidts Helene erzählen, daß ich jetzt hier bin, wo die Puppen wachsen. Da macht wieder der eine Mann lauter Beine, der andere lauter Arme, ein dritter schnitzelt die Nasen usw. Hier gibt es ganz kleine hölzerne Gelenkpuppen, die nicht länger sind als ein Fingernagel, und so folgen sie von allen Größen bis zu jungen Damen, die schon armslang sind. Alle Jahre sollen viele Tausend Dutzend solcher Puppen hier gemacht und nach allen Ländern verschickt werden, sogar nach Amerika und nach China in Asien.

Der Mann in dem Ausstellungssaale erzählte uns, daß in jedem Jahre gegen 2800 Zentner geschnitzelte Waren fortgeschafft und verkauft werden und daß diese fast eine halbe Million Gulden wert sind. Das Schlimmste ist nur noch, daß es so wenig Arven hier herum gibt; sie wachsen nicht so rasch wieder nach, als die Leute sie wegschnitzeln. Anfänglich waren ringsum alle Berge mit Arvenwäldern bedeckt (s. S. 71). Es hatten sich zunächst nur einige wenige Leute mit Schnitzeln von Heiligenbildern beschäftigt. Damals reichte ein Mann mit einer Klafter Holz eine lange Zeit aus. Als nun aber fast alle Leute im Tale anfingen zu drechseln und zu schnitzeln, wurden die Wälder gefällt. Vater meinte: sie hätten sollen eine regelmäßige Forstwirtschaft einführen und dafür sorgen, daß stets so viel Nachwuchs wieder da war, als weggenommen ward. Dies ist aber nicht geschehen. So sind denn die großen Wälder immer kleiner geworden und zuletzt verschwunden. Man muß jetzt das Holz weit her aus den Tälern holen und dadurch kommt es teuer zu stehen. Die Leute verdienen nicht gerade viel, trotzdem sie sehr fleißig sind, und durch die hohen Holzpreise wird ihre Einnahme noch geringer gemacht.

Manche Leute machen hier auch das ganze Jahr hindurch weiter nichts als Schachteln, und wieder andre packen die fertigen Spielsachen in die Schachteln ein. — Ich hätte hier können für alle Kinder zu Hause Spielzeug mitbringen, wenn nicht unser Geld zu Ende ginge. Euch aber haben wir etwas gekauft; freue dich einstweilen darauf, bis es Dir mitbringt

Dein

Hermann.

46.

Rückreise.

Jede Reise ist ein Abbild des Lebens. Mancher Plan wird gefaßt, manches wird erreicht — anderes bleibt unerfüllt! Nicht dasjenige, was er bereits erlangt hat, dünkt dem Wanderer das Höchste, sondern das, was ihm als Ziel noch vorschwebt. Von Ort eilt er zu Ort, von Tal zu Berg und von den Gipfeln wieder in die Auen. Jedes Künftige scheint ihm das Bessere. Selten überläßt er sich dem Genusse des Erreichten längere Zeit. Im Streben selbst liegt das Glück.

So bleibt auch uns ein letztes Ziel unerreicht, ein letzter Wunsch unerfüllt!

Von Bozen aus sind wir im leichten Wagen auf der schönen Post=

straße im Eisacktale hinaufgefahren bis „Am Steg". Im Anfang führte der Weg noch ununterbrochen durch Weingärten. Allerliebste Häuschen schauen wie Schlößchen über die lichtgrünen Rebenlauben hervor; dunkle, schlanke Zypressen bilden einen ebenso kräftigen als für uns fremdartigen Gegensatz dazu. Auch hier nicken noch Feigen über die Gartenmauern. Die Eisack erscheint uns als ein ansehnlicher Fluß, der aber fortwährend brausend und schäumend sich über Felsblöcke hinweg stürzt. Stellenweise hat man sein Wasser geregelt und es gezwungen, Mühlen zu treiben. Große Haufen von Holzblöcken sind an den Schneidemühlen aufgestapelt. Die Stammstücke wurden auf der Eisack entlang geflößt. Man hatte ihre Enden beiderseits rundlich zulaufend behauen, damit sie sich leichter über das Gestein im Flusse wegschöben. Bei „Am Steg" überschreiten wir auf einer Brücke den Fluß und steigen den Berg steil hinauf nach Völs. Es begegnen uns wiederholt Gesellschaften städtisch gekleideter Leute; die einen wallfahrten nach Razzes, einem reizend gelegenen Badeörtchen am Fuße des Schlern, andre ziehen nach Landgütern auf den benachbarten, höher gelegenen Dörfern, in die sogenannte Sommerfrische. Sie wollen hier in grüner, kühler Einsamkeit höher droben an den Bergen der Hitze entfliehen, welche während des Hochsommers drunten im Etschtale drückend wird.

Nachdem wir uns in Völs von dem anstrengenden Bergaufsteigen etwas erholt haben, wandern wir über mäßige, bewaldete Hügelzüge hinüber nach Seis, dicht am Fuße der Seiser Alpen mit ihren zahlreichen Sennereien (Schwaigereien). Über dem dunklen Fichtenwald und über den grünen Alpenmatten hoch empor ragen die wild zerklüfteten Klippen des Schlern, dieses kahlen Dolomitberges. Dort winkt dem Naturfreunde reicher Genuß, dem Pflanzensammler seltene Beute.

Von Seis aus sehen wir die Ruinen der Burg Hauenstein. An diese knüpfen sich die lieblichen Sagen vom Ritter Oswald, dem Minnesänger, der in seinen jungen Jahren die weite Welt durchzog und im Alter durch die edle Dichtkunst sich tröstete über die Not, die er genugsam daheim fand. Schon naht der Führer, welcher uns zu dem idyllisch romantischen Orte geleiten soll — da zieht schwarze Wetternacht über die Spitzen des Schlern herauf. Ein Ungewitter umhüllt die Landschaft. Blitz folgt auf Blitz, und nie endender Donner rollt durch die Täler. Unser Plan ist vereitelt. Die höheren Täler der Berge sind weiß, von Schnee und Hagel bedeckt. Alles Volk dankt Gott für den Regen, der lange auf sich hatte warten lassen. Viele trocken gelegene, tiefere Wiesen waren gelb gesengt von der heißen Sonne; jetzt sind sie erquickt. Sollen wir murren, daß derselbe Regen uns ein weiteres Vergnügen gestört hat, da wir bisher schon so vieles genossen?

Gegen Abend teilen sich die Wolken ein wenig und gewähren in der Beleuchtung der untergehender Sonne ein Schauspiel, wie es das Flachland nie bietet. Wiederum verfolgen wir den Kampf der verschiedenen Wolkenmassen, wie wir bei unserm Eintritt in die Alpen bereits Gelegenheit fanden; nur zeigt sich das Ganze hier in großartigem Maßstabe. Gleich gewappneten Heeren, mit wehenden roten und blauen, grauen oder weißen Bannern, ziehen die Wolken aus den verschiedenen Tälern gegeneinander, vereinigen sich an der einen Stelle, machen plötzlich an einer andern Halt und lösen sich wieder auf, von einem trockenen, heißen Luftstrome ergriffen.

Am folgenden Morgen hat sich der Himmel geklärt. Der Führer bringt uns hinauf zur Seiser Alp. Eine schöne, gepflasterte Straße führt von Seis aus neben einem Abgrund vorbei bis hinauf zu den Sennereien. Mit jedem Schritt rücken wir dem Schlern näher und näher — vielleicht, daß wir ihn doch noch erreichen. Eine Sennerin (Schwaigerin) erquickt uns mit Milch und Brot. Letzteres ist freilich steinhart, dem Schiffszwieback ähnlich — doch Hunger lehrt beißen. Wir wandern höher hinauf. Wir genießen bereits eine bezaubernd schöne Aussicht. Wir stehen an einem der interessanten Punkte, von welchem aus wir um den ganzen Horizont her schneebedeckte Bergketten erblicken. Im Norden haben wir die Ötztaler Ferngruppe, die wir überstiegen, nordöstlich schauen wir bis zum Großglockner, westlich nach dem Ortles. Dicht vor uns ragen noch die scharf zerrissenen Klippen des Schlern, durch welche diese Bergruine schon aus weiter Ferne kenntlich ist. Zwischen die näheren Bergzüge lagern sich die Alpenmatten mit den zerstreuten grauen Hütten ein. Stellenweise sind Leute mit dem Mähen beschäftigt, andre mit dem Wenden des Heues. Auf noch andern Abhängen bemerken wir weidendes Vieh.

Wunderschön ist der Blick nach dem Eisacktale hinunter. Jenseit des Flusses erhebt sich das Land in regelmäßig übereinander liegenden Stufen. Die steilen Abhänge der Terrassen sind mit Wald eingefaßt. die ebeneren Flächen tragen Getreidefelder und Dörfer mit freundlichen Kirchtürmen.

Wir wenden uns zum Weitermarsch höher hinauf; da finden wir alle Kämme noch dicht mit Hagel bedeckt; zwischen den geknickten Blumen liegen halbtote Schmetterlinge mit zerrissenen Flügeln. Trotzdem steigen wir weiter — allein über dem Schlern sammeln sich von neuem Wolkenschleier. Aus der Färbung des Himmels und der Richtung des Windes prophezeit der Führer einen mehrtägigen Regen. Es ist kein erhebender Gedanke, mehrere Tage lang im Heu einer Sennhütte zu logieren. Unsre Zeit ist gemessen, die Kasse hat sich bedenklich geleert, uns bleibt nichts übrig, als dicht vor unserm Ziel einen schleunigen Rückzug anzutreten. Wir trösten uns mit der Hoffnung, daß vielleicht eine günstige Zukunft uns das gewähren möge, was uns die Gegenwart unerbittlich versagt.

Wir eilen hinab nach Puval, dann nach St. Ulrich im Grödner Tal. Von hier aus bringt uns der leichte Wagen talab bis nach Klausen im Eisacktale, in letzterem wandern wir weiter nach Brixen. Am nächsten Morgen werden wir im Stellwagen sorgsam verpackt. Die Wetterprophezeiung ist eingetroffen. Schon am Abend entlud sich im Süden ein Gewitter. Im Regen fahren wir weiter über Sterzing, dann über den Brenner nach Innsbruck. Auch hier strömt noch am folgenden Morgen unendlicher Regen, allein jetzt fürchten wir ihn nicht mehr. Im Dampfwagen fragen wir nichts mehr nach Wetter und Wind. Der Zug braust im Tale des Inns entlang und bringt uns bei guter Zeit noch nach München. Hier hält sich das Wetter. Wir können noch am Spätnachmittag bei schönem Sonnenschein einen Spaziergang nach der Theresienwiese unternehmen. Vom Fuß der Bavaria aus werfen wir noch einen letzten Blick auf die weißen Häupter der Alpen am südlichen Horizont. Lebe wohl, du schöne Alpenwelt mit deinen Felsen und Blumen, deinen rauschenden Bächen und brausenden Wasserfällen, deinen Sennereien und biederen Leuten! Ade, du freies Leben der Berge! Erinnerung und Hoffnung werden uns wie Edelweiß und Almenrausch begleiten nach der fernen Heimat im flachen Norden!

Ende des Bändchens.

Im Anschluß an vorliegenden Band erschienen von

Hermann Wagners

Entdeckungsreisen

Entdeckungsreisen in der Wohnstube. 8. Auflage. Mit 100 Text-Abbildungen, einem Buntdruck- und einem Tonbilde.

Entdeckungsreisen in Haus und Hof. 10. Auflage. Mit 114 Text-Abbildungen sowie einem Farbendruckbilde.

Entdeckungsreisen in Wald und auf der Heide. 12. Auflage. Mit 135 Text-Abbildungen, zwei Tafeln und zwei Buntbildern.

Entdeckungsreisen in Feld und Flur. 12. Auflage. Mit 100 Text-Abbildungen und zwei Buntbildern.

Entdeckungsreisen in Stadt und Land. Streifzüge in Mitteldeutschland. 6. Aufl. Mit 81 Text-Abbildungen und einem Titelbilde in Farbendruck.

Jeder Band ist einzeln käuflich und kostet gebunden M. 2.50.

Wagners Entdeckungsreisen gehören zu dem Besten, was zur Belehrung und Unterhaltung der Jugend geschrieben worden ist. Die sämtlichen Bändchen zeugen von Begeisterung für die Natur, tiefer Kenntnis derselben und scharfer Beobachtung. Die Sprache ist leichtverständlich, die Darstellung anziehend, die Illustration mustergültig und naturgetreu.

Verlag von Otto Spamer in Leipzig

 **Spiel- und Beſchäftigungs-Bücher** 

Illuſtriertes Spielbuch für Knaben

Planmäßig geordnete Sammlung zahlreicher anregender Beluſtigungen, Spiele und Beſchäftigungen für Körper und Geiſt, im Freien und im Zimmer.

Von **Hermann Wagner**

Mit mehr als 500 Text-Abbildungen ſowie acht Tafeln in Buntdruck nebſt Titelbild. Geb. M. 4.50

Illuſtriertes Spielbuch für Mädchen

Unterhaltende u. anregende Beluſtigungen, Spiele und Beſchäftigungen für Körper und Geiſt im Zimmer ſowie im Freien.

Von **Marie Leske**

Mit über 600 Text-, 6 Buntdruckbildern und 1 Schnittmuſterbogen in Mappe. Geb. M. 4.50

Beſchäftigungsbuch für die reifere Jugend

Anleitung zum Experimentieren, zur Anlage von Pflanzen-, Stein-, Muſchel-, Inſekten-, Schmetterlings-, Vogel-, Briefmarken-Sammlungen uſw. ſowie zur Pflege der Haustiere und des Hausgartens. Von **Herm. Wagner.** In ſiebenter Auflage neu bearbeitet von **Carl Freyer.** Mit 330 in den Text gedruckten Abbildungen und 4 Tafeln. Gebunden M. 5.—

Das „Beſchäftigungsbuch“ iſt der geiſtigen Tätigkeit der Jugend gewidmet und ſoll unter Anwendung ungefährlicher Hilfsmittel zum Experimentieren, zur Anlage von Sammlungen uſw. anregen.

Der junge Handwerker und Künſtler

Anleitung zur Herſtellung nützlicher Gegenſtände aus Papier, Pappe, Holz, Gips, Metall uſw. ſowie zum Photographieren. Von **Carl Freyer.** Zweite Auflage. Mit 580 Text-Abbildungen und 5 Tafeln. Gebunden M. 5.—

„Der junge Handwerker und Künſtler“ iſt beſtimmt, die in der Jugend ſchlummernde Neigung zur Ausübung von Handfertigkeiten zu heben und die Betätigung ſolcher Geſchicklichkeit auf die Herſtellung nützlicher Dinge überzuleiten.

Häusliche Kunſtarbeiten

Leitfaden und Nachſchlagewerk z. Selbſtbeſchäftigung in verſchiedenen häuslichen Kunſtarbeiten mit und ohne Malerei. Herausgegeben von **A. u. G. Ortleb.** Zweite Auflage. Mit 136 Abbildung. u. 15 Tafeln. Geb. M. 3.50

In dem reich illuſtrierten Buche wird jedermann etwas ſeinen Neigungen Entſprechendes und zugleich die Anleitung zu den verſchiedenſten Kunſtarbeiten im Hauſe finden.

Verlag von Otto Spamer in Leipzig